フォトニクス情報処理入門

工学博士 大坪 順次 著

コロナ社

スペイン文学案内

まえがき

　本書は，画像のためのフォトニクス情報処理に関するものである。2002年に，コロナ社より「光入門」という教科書を出版させていただいた。この教科書は，光学の基礎に関する入門書であった。本書は，「光入門」でも取り扱った光学の初歩に関する一般的内容を習得していることを前提として，その先にある画像のためのフォトニクス情報処理の基礎を学ぶための書籍として企画した。通常，この分野の教科書としては，「光情報処理」あるいは「光情報工学」というのがこれまでの一般的な名前である。しかし，ここでは「フォトニクス」という言葉を用いた。フォトニクスは，エレクトロニクスが電子に関する工学の分野を表すのに対して，光に関する工学を表す言葉である。光情報処理という言葉は，レーザ発振の実現以来，おおよそ50年にわたり使われてきた言葉である。しかし，これまでの応用物理学的な段階を脱して，新たな工学の分野として定着してもらいたいという意味を込めて，本書ではフォトニクスという言葉を用いた。また，現在では多くの局面で，本書で取り扱う内容が現場の技術への基礎として使われている。光技術における像形成としては，例えばレンズによる結像など単機能的なイメージが強い。しかし，実際には情報化社会においては，画像取得の入り口であるレンズ光学系から，撮像，画像ファイリング・加工，ネットワークを使った画像伝送，画像表示を含む総合的な画像入出力システム評価を行うためにも，本書の内容は役立つものである。

　元々，大学院において20年以上も前から光情報処理の講義を受け持ってきたが，光の技術に携わる将来の学生にとって，そろそろ学部レベルでもこの分野の理解が必要と考えた。実際に，学生の自習のためにしばらく本書の元となる内容をホームページに掲載していたが，思いの外アクセスがあり，また現場の技術者からの問い合わせもあった。そのため，本書の分野を学部での授業と

して開講する意義を肌で感じた次第である。したがって，多少発展的内容は含んでいるものの，電気系学部・学科の半期で使う教科書として，あるいは自習書として，理解ができるように順を追って説明したつもりである。本書は，すでに述べたように，画像を対象とした情報フォトニクスの基本的事項をまとめたものであるため，時代とともに変化するであろう光情報処理装置やデバイスについては，普遍的と考えられるもの，重要なもののみの記述に留めた。また，画像を対象としているため，光通信，光ディスク装置などのフォトニクス関連の事柄については，他書に譲った。フォトニクス情報処理は，依然として発展中の体系ではあるが，その基礎的な部分はかなり確立されているといってよい。今後，若い人々がこの分野で活躍し，フォトニクス情報処理の新しい展開に貢献することを期待している。

2009年8月

著　　者

目　　次

1　フォトニクスと情報処理

1.1　フォトニクス情報処理の流れ …………………………………… 1
1.2　本書の構成 …………………………………………………………… 4

2　フーリエ光学の基礎

2.1　デルタ関数 …………………………………………………………… 7
2.2　繰返しの波とフーリエ級数展開 …………………………………… 12
2.3　フーリエ変換 ………………………………………………………… 15
2.4　フーリエ変換の性質 ………………………………………………… 17
2.5　相関関数 ……………………………………………………………… 20
2.6　線形システムと畳込み積分 ………………………………………… 23
2.7　サンプリングの定理 ………………………………………………… 26
演習問題 …………………………………………………………………… 30

3　光の伝搬と回折

3.1　ホイヘンスの原理 …………………………………………………… 31
3.2　ヘルムホルツ方程式 ………………………………………………… 32
3.3　フレネルの回折理論 ………………………………………………… 35
3.4　フレネル回折とフラウンホーファー回折 ………………………… 38

3.5 フラウンホーファー回折の例 ………………………………………… *41*
3.6 フレネルレンズ ………………………………………………………… *47*
3.7 光の回折によるタルボ効果 …………………………………………… *52*
演 習 問 題 …………………………………………………………………… *55*

4　光のコヒーレンス

4.1 ヤングの干渉実験とコヒーレンスの意味 …………………………… *56*
4.2 解 析 的 信 号 …………………………………………………………… *62*
4.3 コヒーレンス関数 ……………………………………………………… *64*
4.4 空間コヒーレンス ……………………………………………………… *66*
4.5 時間コヒーレンス ……………………………………………………… *68*
4.6 フーリエ分光法 ………………………………………………………… *70*
4.7 コヒーレンス関数の伝搬 ……………………………………………… *72*
4.8 強 度 干 渉 ……………………………………………………………… *76*
演 習 問 題 …………………………………………………………………… *79*

5　レンズとフーリエ変換

5.1 波面変換としてのレンズ ……………………………………………… *80*
5.2 レンズを使ったフーリエ変換 ………………………………………… *83*
5.3 結 像 光 学 系 …………………………………………………………… *89*
5.4 レンズの開口数 ………………………………………………………… *93*
演 習 問 題 …………………………………………………………………… *95*

6　コヒーレンスと結像特性

6.1 コヒーレント結像系の伝達関数 ……………………………………… *96*

6.2 インコヒーレント結像系の伝達関数 ………………………………… *98*
6.3 コヒーレントとインコヒーレント系の違い ……………………… *99*
6.4 コヒーレントとインコヒーレント結像の例 ……………………… *104*
6.5 レンズの分解能 ………………………………………………………… *109*
6.6 変調伝達関数 …………………………………………………………… *112*
演 習 問 題 ………………………………………………………………… *116*

7　フォトニック・フィルタリングとフォトニクス情報処理

7.1 フォトニクス情報処理における基本演算 ………………………… *117*
7.2 ゼルニケの位相差顕微鏡 ……………………………………………… *120*
7.3 アッベの結像の考え方 ………………………………………………… *122*
7.4 フォトニック・フィルタリング ……………………………………… *124*
7.5 帯 域 フ ィ ル タ ……………………………………………………… *126*
7.6 微 分 フ ィ ル タ ……………………………………………………… *129*
7.7 逆 フ ィ ル タ ………………………………………………………… *132*
7.8 結 合 相 関 …………………………………………………………… *135*
演 習 問 題 ………………………………………………………………… *138*

8　ホログラフィ

8.1 ホログラフィとは ……………………………………………………… *139*
8.2 ホログラフィの原理 …………………………………………………… *140*
8.3 ホログラムの再生 ……………………………………………………… *144*
8.4 ガボール型のホログラム ……………………………………………… *146*
8.5 いろいろなホログラム ………………………………………………… *148*
8.6 ホログラムの回折効率 ………………………………………………… *151*
8.7 体積ホログラム ………………………………………………………… *152*

8.8 ホログラフィ干渉 ……………………………………………… 156
8.9 ホログラムを用いる相関フィルタ …………………………… 158
演 習 問 題 ……………………………………………………………… 161

9 フォトニクス情報処理デバイス

9.1 写真フィルム ……………………………………………………… 162
9.2 空間光変調素子 …………………………………………………… 166
9.3 液晶空間光変調素子 ……………………………………………… 167
9.4 MEMS ……………………………………………………………… 173
9.5 回折光学素子 ……………………………………………………… 175
9.6 位相共役光学効果と素子 ………………………………………… 178
9.7 ホログラフィック記録材料 ……………………………………… 182
演 習 問 題 ……………………………………………………………… 185

10 フォトニクス処理とディジタル処理

10.1 高速フーリエ変換（FFT） ……………………………………… 186
10.2 ディジタル処理による微分フィルタ …………………………… 190
10.3 メラン変換と画像の縮尺 ………………………………………… 192
10.4 画像の回転と相関 ………………………………………………… 194
10.5 画像操作のためのアフィン変換 ………………………………… 196
10.6 計算機ホログラムとサンプリング ……………………………… 198
10.7 いろいろな計算機ホログラム …………………………………… 202
10.8 画像回復，画像最適化 …………………………………………… 204
演 習 問 題 ……………………………………………………………… 208

索　　引 ………………………………………………………………… 209

1 フォトニクスと情報処理

　ここでは，まず本書のタイトルであるフォトニクスと情報処理の関連について述べる。本書は，画像を取り扱うためのフォトニクスと情報処理に関するものであるが，その導入として光技術分野における周辺技術との関連と，これらの簡単な歴史について触れる。そして，本書を学ぶにあたっての注意点と，各章の構成について紹介する。

◆ 1.1 フォトニクス情報処理の流れ ◆

　エレクトロニクス（electronics）に対応する光工学を表す言葉として，フォトニクス（photonics）という言葉がある。したがって，フォトニクスとは光のエンジニアリングを表す表現である。本書の名前は，「フォトニクス情報処理入門」とし，フォトニクスのうち画像を対象とした。フォトニクスによって画像を処理する分野の基礎的な道具立てについて学ぶ。したがって，光通信技術，光ディスク装置，最近の量子演算などの分野も重要なフォトニクス分野であるが，これらは本書には含まれていない。今日，ディジタル技術の格段の発展によって，画像を対象とする処理としてはディジタル処理が主流になっている。しかし，本書で述べるように，光は並列処理，分散処理に適しており，逐次処理を行うディジタル方式に比べ利点もある。このため，ディジタル処理か，フォトニクス処理かという選択ではなく，フォトニクスでしか行えない処理はフォトニクス処理で，ディジタルが得意とする分野はディジタル処理で行い，たがいに補完することが望ましい。

　表1.1は，画像を対象としたフォトニクスに関する基礎的な原理の発見，技術的な発明のおもなものを表としてまとめたものである。フォトニクスとして

1. フォトニクスと情報処理

表 1.1 画像を対象としたフォトニクスに関する基礎的な原理の発見,技術的発明

年	発見,発明
1690	ホイヘンスの光波伝搬の原理(C. Huygens)
1801	ヤングの干渉実験(T. Young)
1822	フーリエ級数(J. B. J. Fourier)
1837	銀塩写真の発明(L. J. M. Daguerre)
1873	マクスウェルの電磁波方程式(J. C. Maxwell)
1873	アッベの結像理論(E. K. Abbe)
1881	マイケルソン干渉計(A A. Michelson)
1935	位相差顕微鏡の発明(F. Zernike)
1945	コンピュータの発明(アメリカ)
1948	シャノンの情報理論(C. E. Shannon)
1948	ホログラフィーの原理(D. Gábor)
1948	トランジスタの発明(W. B. Shockley 他)
1958	レーザの原理(C. H. Townes, A. L. Schawlow)
1960	レーザの発振(ルビー,He-Ne)
1962	半導体レーザ発振
1962	光ディスクの原理(オランダ)
1965	光ファイバ通信の可能性(C. K. Kao)
1968	液晶ディスプレイ(アメリカ)
1971	4ビットプロセッサ(アメリカ)
1974	8ビットCPU(アメリカ)
1974	空間光変調器(PROM)の発明
1978	16ビットCPU(アメリカ)
1981	電子スチルカメラ(日本)
1982	Compact Disk(日本)

は,光を波動としてあるいは粒子として取り扱うが,画像の処理のためには,おおむね光は波動として取り扱われる。したがって,光を波動として扱うところから,フォトニクス情報処理の歴史は始まっているといってよい。さらに,本書で取り扱うフォトニクスにおいては,画像の空間周波数構造というのが非常に重要であり,信号のフーリエ成分,変換の概念が大きな役割を果たしている。今日,情報処理はディジタル信号処理から始まったような印象を持たれているが,実際には光を用いた画像形成,処理においてその緒端が切り開かれた。すなわち,アッベの回折結像理論である。その後,光を用いたフィルタリングがゼルニケによって顕微鏡の画質の改善に応用された。

コンピュータの発明以後は,ディジタル技術に基づく情報処理が全盛を極め

1.1 フォトニクス情報処理の流れ

ることになるが，光を用いた情報処理も着実に進歩し，大容量情報の並列処理として期待された．ディジタル技術はいずれ限界に達するとする予測が行われてきたが，CPU のクロックも最初の 4 bit プロセッサの 500 kHz から，現在の標準のパソコンの 5 GHz へと各段に向上し，たかだか 1 kbit であった内部メモリ容量も 2 GByte へと大容量化した．1980 年頃にパーソナルコンピュータが普及したが，そのときには夢のようであった画像の取得や処理が，現在では容易に行えるようになり，画像の処理のためにディジタル技術は欠くことのできないものになっている．

これに対しフォトニクス処理では，着実な進歩にもかかわらず，当初期待されたような成果は上がっていないように見える．一方，通信においては，フォトニクスが従来の電子技術におき換わった．また，光ディスクはリムーバブル大容量外部記憶装置，メディアとしてなくてはならないものになっている．フォトニクスの成功例は，このように限定的ではあるが，システム間の信号伝送，システム内部の例えばボード間の光接続などまで浸透し，着実になくてはならない技術として確立されてきている．

画像を対象としたフォトニクス処理への期待には，1960 年にレーザ発振が確認されて以来，10 年ごとくらいに何度かの波があった．最初は，フォトニクス処理がそのうちディジタル処理に取って代わるという夢もあった．しかし，フォトニクス処理の優れた能力にもかかわらず，処理のためのデバイスの開発が思うようには進まない面があり，その間にディジタル処理がフォトニクスを凌駕してしまった．当初は，フォトニクスによる光 CPU，すなわち光によるコンピュータ（光コンピュータ）の出現が期待されたが，ディジタル処理をまねたフォトニクス処理には元々限界があった．すなわち，光の波長と電子の波長の差である．電子の波長としての広がりはたかだか nm であるのに対し，光の波長は μm である．このため，電子デバイスと同じ処理の装置を光で組むとすると，1 次元でおおよそ 10^3 倍，3 次元デバイスにすると 10^9 倍の差になる．このため，電子デバイスにまねた光デバイスを作ることは，集積度の点で元々勝ち目がないことになる．ただし，電子はパウリの法則によって，一

つの状態空間を占める電子の数は一つに限られるのに対して，光は一つの状態に多くの光子の存在が許されている。すなわち，フェルミ粒子とボーズ粒子の違いである。したがって，電子処理とは異なる並列性の能力を，いかに引き出すことができるかも，フォトニクス処理で考えるべきである。現在は，これまでの流れと違った意味で，光の量子効果を使った光演算技術への期待がなされている。この場合にも，電子の波長との差は当然問題となってくるが，演算の原理原則が電子技術とは異なる場合には，この問題点を解決できる可能性もある。このように，フォトニクス情報処理は，依然として発展途上にある体系である。

本書では，これらの技術的課題というよりは，画像に対するフォトニクス情報処理の根底を流れる原理原則を中心として学ぶことにする。なぜならば，これらのフォトニクス情報処理の基礎的な考え方は，この100年間においても大きな変化はなく，また今後も変化は小さいと考えられるからである。したがって，最近の新しい発展，確立されていない事象については，最小限の記述に留めた。また，本書のカバーする分野の性質上，式が多用され，2次元空間座標での展開が基本となり式の取扱いが繁雑となるが，それらの展開自身は初歩的なものである。その助けとなるように，それらの展開については，自習の場合でも追えるように工夫した。

◆ 1.2 本書の構成 ◆

画像を対象としたフォトニクス処理においては，フーリエ変換が重要な役割を果たす。この原理に基づく体系はフーリエ光学と呼ばれ，最初に2章において，フーリエ光学で必要となる数学的基礎について学ぶ。また，おおむねの工学システムは線形系であり，線形システムにおける入出力の関係と，帯域制限されたデータを取り扱うときに必要となるサンプリングの定理について述べる。ここでのいくつかの数学的な説明では，概念を重視しているため，説明における数学的な厳密さはいささか省略されたものである。画像を対象とするフ

ォトニクス処理において，光は波動として伝搬することが基本となる．このため，3章で光の伝搬，回折とそれらのいくつかの効果について述べる．

フォトニクス処理では，使う光源の性質によって情報伝達，情報伝送量に違いが発生する．この光源の性質は，光のコヒーレンスと呼ばれる．4章において，光のコヒーレンスとは何かについて学ぶ．コヒーレンスとは，日本語では干渉性と訳されることが多い．しかし，コヒーレンスとは，単なる光の干渉という概念よりはもっと広い意味であり，このコヒーレンスに基づくいくつかの応用についても触れる．フーリエ光学において重要な要素はレンズである．レンズは幾何光学的な取扱いで説明されることが多いが，5章では，波動的な考え方によりレンズを取り扱い，結像光学系について述べる．さらに，6章において，4章で述べたコヒーレンスの概念に基づいて，コヒーレンスが結像に及ぼす影響について紹介する．そして，画像を照明する光源のコヒーレンスに依存して，伝達できる情報の量が変化することについても学ぶ．

7章では，本書で最も重要であるフォトニクス情報処理の根幹をなす，フォトニック・フィルタリングについて述べる．この章では，光を用いた情報処理の具体的な方法や応用例について学ぶ．引き続き8章では，フォトニクス情報処理の優れた例であるホログラフィについて述べる．3次元画像再生の方法であるホログラフィの原理，性質，ホログラフィの種類，それを使った応用について説明する．9章では，フォトニクス情報処理で使われる画像の記録デバイス，処理デバイスについて学ぶ．ただし，ここで述べるのは，画像入出力のためのディジタル処理専用のデバイスではなく，空間光変調素子などフォトニクス処理に特有のデバイスの紹介を行う．現在，フォトニクス処理のためのさまざまな光デバイスが提案されている．しかし，本書で取り扱うのは，これらのうち概念的に重要であるもの，今後の発展が大いに期待できるデバイスに限定した．

10章は，ディジタル処理のうち，フォトニクス処理と関連する重要なトピックのいくつかについて触れた．ディジタル処理とフォトニクス処理の併用により，より高度な処理が期待できる．また．フォトニクス情報処理の結果とデ

ィジタル情報処理による結果の比較においても，ここで述べる項目は参考になると思われる。

　本書はおおむね半期コース15回の講義テキストを想定しているが，特に学部における授業としては，適当に内容を取捨選択して学んでもらえればよいと考えている。フォトニクスとして追加の章としたディジタル処理を主体とする10章や，あるいはその他の章のいくつかの節，例えば4.7節のコヒーレンス関数の伝搬，4.8節の強度干渉などは，より発展的な内容であるため，必要に応じて学習してもらえればよい。

　以上述べてきたように，フォトニクス情報処理は依然として発展途上にあり，今後若い力によるこの分野の開拓が欠かせない。フォトニクス情報処理の基礎的な考え方をしっかりと身に付けることにより，これからの世代がこの分野のさらなる発展の推進役となるであろうことを期待している。

2 フーリエ光学の基礎

　この章では，フォトニクス情報処理の基礎となるフーリエ光学においてしばしば出てくる数学的な背景について述べる。フーリエ光学は，その名のとおり，フーリエ級数，フーリエ変換などを数学的な道具として使う学問である。フーリエ光学の考え方は，一般的な信号理論であり，電気回路などにおける応答，信号の伝搬と同じである。ここでは，フーリエ光学の展開において役に立つ基礎的ないろいろな数学的道具について述べる。さらに，異なる信号間の関係を表す相関関数と，信号に対しその情報を失うことなく離散的な量としてサンプルすることができるサンプリングの定理について学ぶ。

◆ 2.1 デルタ関数 ◆

　フーリエ変換，フーリエ光学ではデルタ関数がよく使われる。このデルタ関数は，これらの分野において応用範囲が広く，便利な関数である。デルタ関数の定義としては，ある唯一の特別な関数形が与えられているわけではなく，次式の関係を満たすすべての形式がデルタ関数であると定義される。

$$\left. \begin{array}{l} \delta(x) = 0 \quad (x \neq 0) \\ \int_{-\infty}^{\infty} \delta(x)\,dx = 1 \end{array} \right\} \quad (2.1)$$

したがって，デルタ関数は解析的な関数というよりは，ある関数として $x=0$ の近傍でのみ零でない値をとり，$x=0$ において特異点となる超幾何関数として定義される。このような関数の候補はたくさんある。例えば，制御工学において広く用いられているステップ関数を微分したものを考えると

$$\frac{du(x)}{dx} = 0 \quad (x \neq 0) \quad (2.2\,\mathrm{a})$$

$$\int_{-\infty}^{\infty} \frac{du(x)}{dx} dx = [u(x)]_{-\infty}^{\infty} = 1 \qquad (2.2\,\text{b})$$

であるから,式(2.1)の定義に従えば,これはデルタ関数であるといえる。デルタ関数の最も簡単な定義としては,次の形式がしばしば使われる。すなわち,微小な量 ε ($\varepsilon \to 0$) に対し

$$\delta(x) = \begin{cases} \dfrac{1}{2\varepsilon} & |x| \le \varepsilon \\ 0 & |x| > \varepsilon \end{cases} \qquad (2.3)$$

で定義される関数は,式(2.1)の定義よりデルタ関数である。この定義によると,デルタ関数は図 2.1 に示すような関数形である。

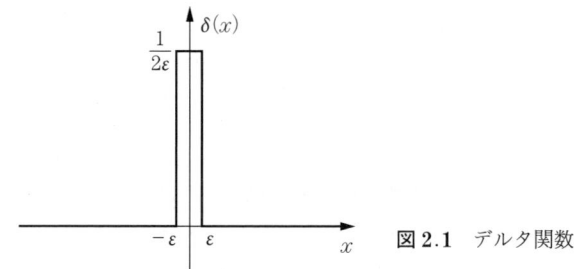

図 2.1 デルタ関数

次に,デルタ関数の最も有用な性質を述べておこう。$f(x)$ を微分可能かつ連続な解析的関数とすると,$-\varepsilon < \theta < \varepsilon$ に対して式(2.3)を使い

$$\int_{-\infty}^{\infty} f(x)\delta(x)\,dx = \frac{1}{2\varepsilon}\int_{-\varepsilon}^{\varepsilon} f(x)\,dx = f(\theta) \to f(0) \qquad (\varepsilon \to 0) \quad (2.4)$$

となる関係が得られる。ここで,ε は微小量として,区間 $[-\varepsilon, \varepsilon]$ で関数 $f(x)$ を線形近似できるものとし,$f(\theta) = \{f(\varepsilon) + f(-\varepsilon)\}/2$ と仮定した。式(2.4)から,ある関数とデルタ関数とを掛け合わせて積分したものは,元の関数の $x = 0$ のときの値に等しいという結果が得られる。このことから,さらに次に述べる重要な結果が得られる。すなわち,デルタ関数 $\delta(x)$ の座標を a だけ移動させたものと関数 $f(x)$ を掛け合わせ,式(2.4)と同様な計算をすると

$$\int_{-\infty}^{\infty} f(x)\delta(x-a)\,dx = f(a) \qquad (2.5)$$

となる．このように，座標移動させたデルタ関数と任意関数の式 (2.5) の積分を行うと，元の関数 $f(x)$ が再生されることがわかる．デルタ関数が偶関数であることは，次のようにして容易に確かめられる．

$$\int_{-\infty}^{\infty} f(x)\delta(-x)\,dx = \int_{-\infty}^{\infty} f(-x)\delta(x)\,dx = f(0) \tag{2.6}$$

また，デルタ関数の表現として重要なものとして

$$\delta(x) = \int_{-\infty}^{\infty} \exp(-i2\pi\nu x)\,d\nu \tag{2.7}$$

の形がある．これが，デルタ関数の定義になっていることは，次のようにして確かめられる．関数 $f(x)$ は，関数が定義される空間の正規直交関数のセット $\{\psi_n\}$ を使って

$$f(x) = \sum_{n=-\infty}^{\infty} F_n \psi_n(x) \tag{2.8}$$

のように直交展開することができる．F_n は展開係数である．また，直交関数の定義より

$$\int_{-\infty}^{\infty} \psi_n(x)\psi_n^*(x)\,dx = \delta_{nm} \tag{2.9}$$

である．ここで，δ_{nm} はクロネッカー (Kronecker) のデルタであり，$n=m$ のとき $\delta_{nm}=1$ であり，$n \neq m$ では $\delta_{nm}=0$ である．F_n は，$f(x)$ に同じ次数の直交複素共役関数を掛け積分することによって

$$F_n = \int_{-\infty}^{\infty} f(\xi)\psi_n^*(\xi)\,d\xi \tag{2.10}$$

として求まる．これらのことを使うと，$f(x)$ は形式的に

$$f(x) = \int_{-\infty}^{\infty} f(\xi) \sum_{n=-\infty}^{\infty} \psi_n^*(\xi)\psi_n(x)\,d\xi \tag{2.11}$$

のように書くことができる．この式 (2.11) と式 (2.5) を比べると，積分の中の級数和の部分はデルタ関数であることがわかる．すなわち

$$\delta(\xi-x) = \sum_{n=-\infty}^{\infty} \psi_n^*(\xi)\psi_n(x) \tag{2.12}$$

である．ここで，無限区間で定義された直交関数として

$$\phi_n(x) = \frac{1}{\sqrt{2N}} \exp\left(i\frac{\pi n}{N}x\right) \tag{2.13}$$

と選ぶと，デルタ関数は

$$\delta(\xi-x) = \frac{1}{2N} \sum_{n=-\infty}^{\infty} \exp\left\{-i\frac{\pi n}{N}(\xi-x)\right\} \tag{2.14}$$

と与えられる。ここで，$\nu_n = n/2N$ とおき，N を限りなく大きくすると，式 (2.14) は

$$\delta(\xi-x) = \sum_{n=-\infty}^{\infty} \exp\{-i2\pi\nu_n(\xi-x)\}\Delta\nu_n$$

$$\rightarrow \int_{-\infty}^{\infty} \exp\{-i2\pi\nu(\xi-x)\}d\nu \tag{2.15}$$

となり，確かに式 (2.7) がデルタ関数の定義になっていることがわかる。ここで，$\Delta\nu_n = \nu_{n+1} - \nu_n$ とした。

この証明は数学的な精密さを欠くが，式 (2.7) の結果は非常に有用である。例えば，2.5 節で示すようにフーリエ変換などの計算において，この結果を使い積分の次元を減らすことができる。また，この式の意味するところは，一定の値の関数（定数）のフーリエ変換はデルタ関数となることを表している。これを光学に例をとっていうと，空間的に一定の振幅，位相を持つ光をフーリエ変換すると，デルタ関数になる，すなわち空間の 1 点に光が収束するということである。このような機能を持つ光学素子はレンズである。すなわち，レンズは空間的なフーリエ変換機能を持った素子であるといえる。このことについては，5 章において触れる。

2 次元のデルタ関数も 1 次元の場合と同様に定義することができる。

$$\left.\begin{array}{l}\delta(x,y) = 0 \qquad (xy \neq 0) \\ \int_{-\infty}^{\infty}\int_{-\infty}^{\infty} \delta(x,y)\,dxdy = 1\end{array}\right\} \tag{2.16}$$

やはり，1 次元のときと同じくデルタ関数の重要な性質として

$$\int_{-\infty}^{\infty}\int_{-\infty}^{\infty} f(x',y')\delta(x'-x,y'-y)\,dx'dy' = f(x,y) \tag{2.17}$$

が成り立つ。

この他にも，デルタ関数として定義できる形がいろいろあるが，それらの多くは，次の例に示すように解析的な関数の極限として定義される．2次元のデルタ関数についても，これを拡張して同様に定義することができる．

$$\delta(x) = N \exp(-N^2 \pi x^2) \qquad (N \to \infty) \tag{2.18}$$

$$\delta(x) = N \operatorname{rect}(Nx) = \begin{cases} 1 & |x| \leq \dfrac{1}{2N} \\ 0 & |x| > \dfrac{1}{2N} \end{cases} \qquad (N \to \infty) \tag{2.19}$$

$$\delta(x) = N \operatorname{sinc}(Nx) = N \dfrac{\sin \pi Nx}{\pi Nx} \qquad (N \to \infty) \tag{2.20}$$

ただし，rect(x) は rectangular 関数と呼ばれる．また，sinc(x) は sinc 関数と呼ばれ，sinc$(x) = \sin(\pi x)/(\pi x)$ のように定義される関数である．これらのデルタ関数の例を図2.2に示す．これらを含むデルタ関数近似は，積分計算などにおいて非常に重要かつ使い道がある．例えば，多重積分において，式

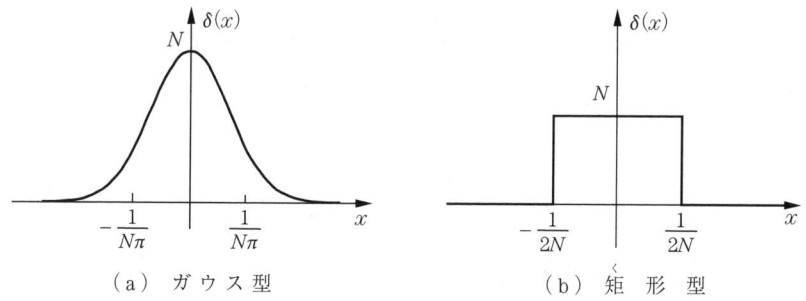

(a) ガウス型　　　　　(b) 矩形型

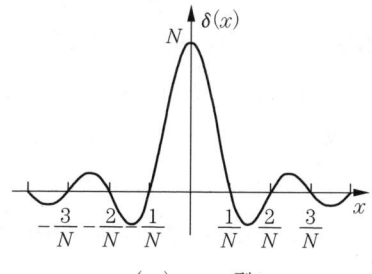

(c) sinc 型

図2.2 デルタ関数の例

(2.18)～(2.20) のような関数が含まれる場合に，これをデルタ関数と近似し，式 (2.5) の関係を使うことにより積分の次元を一つ少なくすることができ，積分計算をより簡単にすることができる．

◆ 2.2 繰返しの波とフーリエ級数展開 ◆

この節では，フーリエ光学の基礎となるフーリエ変換について述べる．フーリエ変換の関係を求める前に，まず，ある関数のフーリエ級数展開について述べる．ある関数 $f(x)$ が間隔 x_0 で繰り返す周期性の波であるとき，$f(x+x_0)=f(x)$ のように書くことができる．このような関数 $f(x)$ は周期関数と呼ばれ，このとき，関数は一般に三角関数の無限和で表すことができる．

$$f(x) = \frac{a_0}{x_0} + \frac{2}{x_0} \sum_{n=1}^{\infty} \{a_n \cos(n2\pi\nu x) + b_n \sin(n2\pi\nu x)\} \tag{2.21}$$

ここで，$\nu = 1/x_0$ である．この展開は，式 (2.8) の直交展開の正規直交関数のセットとして，cos, sin 関数を選んだことにほかならない．このような展開をフーリエ級数展開という．三角関数の直交性を使うと，展開係数 a_n, b_n は

$$a_n = \int_{-x_0/2}^{x_0/2} f(x) \cos(n2\pi\nu x)\, dx \qquad (n=0,1,2,\cdots) \tag{2.22 a}$$

$$b_n = \int_{-x_0/2}^{x_0/2} f(x) \sin(n2\pi\nu x)\, dx \qquad (n=1,2,3,\cdots) \tag{2.22 b}$$

として求めることができる．一般的に，系の物理的な応答を調べるときに，しばしば単一のみの cos 関数，あるいは sin 関数で表される振動子の応答についてのみ記述されることが多い．このことは，式 (2.21) からわかるように，任意の周期関数は，基本周波数を ν として，その高周波成分との調和振動子の線形結合で表されるという事実に基づいている．このことにより，ある特定の周波数の調和振動子について，その系における振る舞いを調べておけば，それらの線形結合としてその物理現象が理解されるというものである．

式 (2.21) の cos, sin 関数の代わりに，指数関数を使ってフーリエ展開を

書き表してみよう．デルタ関数のところで述べたように，指数関数も正規直交関数のセットとなることが知られている．$f(x)$ は

$$f(x) = \frac{a_0}{x_0} + \frac{1}{x_0}\sum_{n=1}^{\infty}(a_n - ib_n)\exp\left(i\frac{2\pi nx}{x_0}\right)$$
$$+ \frac{1}{x_0}\sum_{n=1}^{\infty}(a_n + ib_n)\exp\left(-i\frac{2\pi nx}{x_0}\right) \tag{2.23}$$

のように変形できる．ここで

$$A_0 = a_0 \tag{2.24 a}$$
$$A_n = a_n - ib_n \tag{2.24 b}$$
$$A_{-n} = a_n + ib_n \tag{2.24 c}$$

のように複素フーリエ展開係数を定義すると

$$f(x) = \frac{1}{x_0}\sum_{n=-\infty}^{\infty} A_n \exp\left(i\frac{2\pi nx}{x_0}\right) \tag{2.25}$$

と書くことができる．一般に，繰返しの関数は，n が $-\infty$ から ∞ にわたる複素係数 A_n（これをスペクトルという）を持つ指数関数からなる振動項の重ね合わせによって展開できることを示している．関数 $f(x)$ が与えられているとき，係数 A_n は

$$A_n = \int_{-x_0/2}^{x_0/2} f(x)\exp\left(-i\frac{2\pi nx}{x_0}\right)dx \tag{2.26}$$

で与えられる．式 (2.25) は複素数での展開となっているが，$A_{-n} = A_n^*$ の関係が成り立つときには，$f(x)$ は実関数となることがわかる．この式は，式 (2.21) と等価であるが，式 (2.25) を用いたほうが計算が楽になる利点があり，通常の波動の計算においては，式 (2.25) がよく使われる．

フーリエ級数展開の例として，周期 x_0，デューティサイクル 1/2（パルス間隔のハイとローの比が同じ）の矩形パルス波をフーリエ級数展開で表してみよう．図 2.3 の矩形パルス波の定義を

$$f(x) = \begin{cases} 1 & nx_0 \leq x < \left(n + \frac{1}{2}\right)x_0 \\ -1 & \left(n + \frac{1}{2}\right)x_0 \leq x < (n+1)x_0 \end{cases} \tag{2.27}$$

14   2. フーリエ光学の基礎

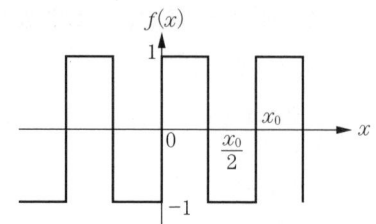

図 2.3 矩形パルス波

とする．式 (2.25)，(2.26) の定義に従って，この関数のフーリエ展開は

$$f(x) = \frac{2}{i\pi} \sum_{n=-\infty}^{\infty} \frac{1}{2n-1} \exp\left\{i2\pi(2n-1)\frac{x}{x_0}\right\} \tag{2.28}$$

と表される．式 (2.27) の定義では，区分としてしか関数が定義できないが，式 (2.28) では，級数展開の形ではあるが，一つの関数として区分をすることなく定義できている．

図 2.4 (a) は，式 (2.28) を実数式 (2.21) の形式で

$$f(x) = \frac{4}{\pi} \sum_{n=1}^{\infty} \frac{1}{2n-1} \sin\left\{2\pi(2n-1)\frac{x}{x_0}\right\} \tag{2.29}$$

と表し，級数和の各成分の波形を n について 1 から 4 までを表したものである．また，図 (b) は，n について 1 から 5 までの成分を加算した結果を表している．$n=5$ までの和ではまだ十分ではないが，矩形パルス波の形が見える．加算する級数和の項を増やすにつれ，合成波形は図 2.3 に示した矩形パルス波に漸近していく．

式 (2.21) あるいは式 (2.25) を見ると，繰返しの波動は，繰返しの基本周

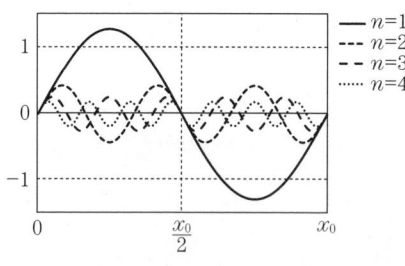

(a) 各成分の波形 ($n=1 \sim 4$)

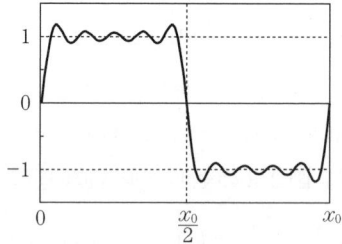

(b) $n=1 \sim 5$ までの成分の加算結果

図 2.4 矩形パルス波のフーリエ級数合成

波数 $1/x_0$ とその整数倍の高次の波を重ね合わせにより表されていることがわかる。式（2.21）の展開係数 a_n, b_n や式（2.25）の A_n は関数 $f(x)$ のスペクトルと呼ばれ，調和振動成分がどの程度その関数に含まれているかを示す指標になっている。図 2.5 は，式（2.28）で表される関数のスペクトルを示したものである。繰返しの波は，このように図に示すようなスペクトルを重みとして，基本波とその高次の調和振動の和として表される。あるいは，繰返しの波は，基本波とその高次振動に分解して考えることができるといういい方もできる。

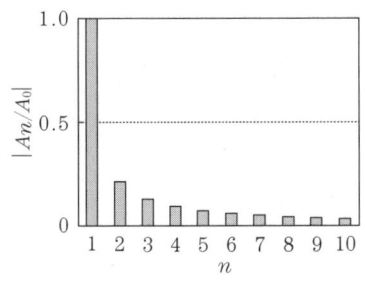

図 2.5　スペクトル成分（絶対値）

2.3　フーリエ変換

次に，フーリエ級数展開を拡張し，関数のフーリエ変換について述べる。式（2.21）の展開では有限な周期を持つ関数について考えたが，周期 x_0 が限りなく大きくなる，すなわち周期的な関数ではなくなるとき，式（2.22）あるいは式（2.26）で表されるスペクトルの隣り合う間隔は，n/x_0 について限りなく小さくなる。すなわち，式（2.26）の A_n は $\nu = n/x_0$ を（$\omega = 2\pi\nu$）振動数とする連続するスペクトル密度と考えることができる。この連続するスペクトル密度を $F(\nu)$ で表すと，式（2.25）は

$$f(x) = \int_{-\infty}^{\infty} F(\nu) \exp(i2\pi\nu x)\, d\nu \tag{2.30}$$

のように表すことができる。デルタ関数の関係を使うと，$f(x)$ が知られているとき，$f(x)$ に $\exp(-i2\pi\nu x)$ を掛け $[-\infty, \infty]$ で積分すると

$$\int_{-\infty}^{\infty} f(x)\exp(-i2\pi\nu x)\,dx = \int_{-\infty}^{\infty} dx \int_{-\infty}^{\infty} d\nu' F(\nu')\exp\{i2\pi(\nu'-\nu)x\}$$
$$= \int_{-\infty}^{\infty} F(\nu')\delta(\nu'-\nu)\,d\nu' \tag{2.31}$$
$$= F(\nu)$$

が得られ，スペクトル密度を計算することができる。式 (2.30), (2.31) のような関係にある関数 $f(x)$ と $F(\nu)$ とはフーリエ変換の関係にあるといい，式 (2.31) を $f(x)$ のフーリエ変換，式 (2.30) を $F(\nu)$ の逆フーリエ変換と呼んでいる。フーリエ級数は繰返しのある波を表すのに用いたが，フーリエ変換は無限大の周期の波，すなわち，繰返しのない単発現象の波（例えば一つのインパルス波）のような関数を表すのに用いることができる。

いま，図 2.6（a）に示す $\left[-\dfrac{a}{2},\dfrac{a}{2}\right]$ の区間でのみ値を持つパルス波

$$f(x) = \begin{cases} 1 & |x| \leq \dfrac{a}{2} \\ 0 & |x| > \dfrac{a}{2} \end{cases} \tag{2.32}$$

を考えてみよう。式 (2.31) の関係を用いると

$$F(\nu) = \int_{-\infty}^{\infty} \exp(-i2\pi\nu x)\,dx = a\,\mathrm{sinc}(a\nu) \tag{2.33}$$

なるスペクトル密度が得られる。$F(\nu)$ は，図（b）に示すような関数である。式 (2.32) のような単発波形の非周期的関数は連続スペクトルを持ち，スペクトルの振幅はその振動数 ν における波の密度を表している。

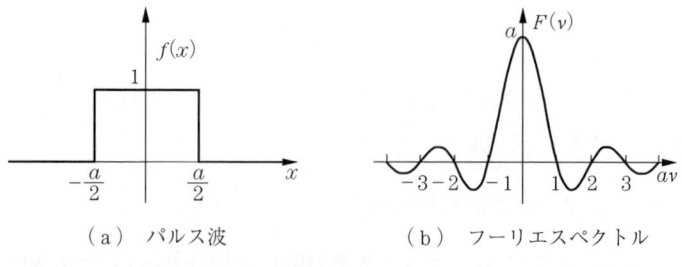

（a）パルス波　　　（b）フーリエスペクトル

図 2.6　パルス波とそのフーリエスペクトル

元々フーリエ変換は，ここで見たように単発の波のスペクトル構造を解析するために導入されたものであるが，フーリエ級数展開できる周期的な関数であっても，これを適用し，そのスペクトル解析を行うことも可能である。フーリエ変換の関係は，例えば波動場の記述，光の回折現象などにおける記述において重要な役割を果たす。前にも述べたように，ここでは cos, sin 関数あるいは指数関数などを用いたが，波動場は一般にその空間で定義されるさまざまな直交系をなす関数のセットを用いても展開することが可能である。実際に，量子力学などにおいては，ここで述べた関数とは異なる直交関数によって波動場が記述される。周波数に関する変数として，本書では周波数 ν と角周波数 ω とがしばしば混在して用いられることもあるが，$\omega=2\pi\nu$ の関係にあることを注意しておこう。

2.4 フーリエ変換の性質

ここでは，フーリエ変換に関するいくつかの有用な性質について述べる。原関数を $f(x)$ とし，そのフーリエ変換を $F(\nu)$ とする。フーリエ変換された関数 $F(\nu)$ は，一般的に複素関数となり

$$F(\nu)=|F(\nu)|\exp\{i\phi(\nu)\} \qquad (2.34)$$

のように書ける。実数で表される物理的な内容を持つ実関数であっても，そのフーリエ変換は一般に複素関数である。したがって，$\phi(\nu)$ は複素関数 F の位相成分である。フーリエ変換の振幅の絶対値の2乗を信号 $f(x)$ のパワースペクトルといい

$$\Phi(\nu)=|F(\nu)|^2 \qquad (2.35)$$

で表すことにする。このパワースペクトルは，信号 $f(x)$ に ν の周波数成分がパワーとしてどれだけの量含まれているかを表している。

以下に，原関数とそのフーリエ変換された関数の間に成り立ついくつかの性質について示そう。フーリエ変換はある数学的な操作であり，これを演算子として FT で表す。また，フーリエ逆変換を FT^{-1} で表すものとする。また，原

関数を英小文字で，そのフーリエ変換を対応する大文字で表すものとする。フーリエ変換は，線形操作であるから，次の関係が成り立つ．

$$\mathrm{FT}[\alpha g(x) + \beta f(x)] = \alpha G(\nu) + \beta F(\nu) \tag{2.36 a}$$

$$\mathrm{FT}[g(ax)] = \frac{1}{|a|} G\left(\frac{\nu}{a}\right) \tag{2.36 b}$$

α, β, a は，定数である．式（2.36 b）によると，フーリエ変換においては，元の座標が a 倍になるとフーリエ変換面における座標は $1/a$ となることを表している．光の回折場は，3章で示すように，開口のフーリエ変換で表される．したがって，式（2.36 b）の関係は，例えばピンホールからの光の回折において，ピンホール径が大きくなるとその回折パターンは小さくなり，径が小さくなると逆に回折パターンが大きくなることに対応している．

次に，座標を a だけ移動した関数のフーリエ変換を考えると

$$\mathrm{FT}[g(x-a)] = \exp(-i2\pi a\nu) G(\nu) \tag{2.36 c}$$

となる．ここでも，a は定数である．原関数で座標が a だけ移動しても，そのフーリエ変換の絶対値の形は変わらず，直線的に変化する位相項が付加されるということを表している．このことから，座標移動した関数のフーリエ・パワースペクトルは，その形は元のままであることを表している．これは，パワースペクトルの移動不変（shift invariant）と呼ばれている．次に，原関数をフーリエ変換したものをさらに逆変換すると

$$\mathrm{FT}^{-1}[\mathrm{FT}[g(x)]] = g(x) \tag{2.36 d}$$

となり，元の関数に戻る．ついでながら，フーリエ変換したものを，再度フーリエ変換すると，関数形は元に戻るが，座標が反転する．すなわち

$$\mathrm{FT}[\mathrm{FT}[g(x)]] = g(-x) \tag{2.36 e}$$

となる．これは，レンズによってフーリエ変換された像を，もう一度レンズによってフーリエ変換すると，元の物体の実像が得られるが，それが倒立像になっていることに対応する．2次元の関数について，関数がそれぞれの変数関数の積で与えられるとき，そのフーリエ変換はそれぞれの関数をフーリエ変換したものの積となる．

2.4 フーリエ変換の性質

$$\mathrm{FT}[g(x,y)] = \mathrm{FT}[g_x(x)g_y(y)] = \mathrm{FT}[g_x(x)]\mathrm{FT}[g_y(y)] \quad (2.36\,\mathrm{f})$$

この他にも，微分，積分関数のフーリエ変換などに関する有意義な性質などがあるが，ここでは7.4節のフォトニック・フィルタリングで使うことになる微分関数のフーリエ変換について述べておこう．部分積分を使い，ある関数を微分したものをフーリエ変換すると

$$\int_{-\infty}^{\infty} \frac{df(x)}{dx} \exp(-i2\pi\nu x)\,dx = i2\pi\nu F(\nu) \quad (2.36\,\mathrm{g})$$

となる．ここで，$f(x)$ は有限の値の関数であり，さらに $f(\pm\infty) \approx 0$ と仮定した．この関係を一般化すると

$$\mathrm{FT}\left[\frac{d^n}{dx^n} f(x)\right] = (i2\pi\nu)^n F(\nu) \quad (2.36\,\mathrm{h})$$

が得られる．

最後に，2次元のフーリエ変換で，原関数が原点からの動径方向にのみ依存した関数となる場合について，便利な式を導いておこう．2次元のフーリエ変換を

$$F(\nu_x, \nu_y) = \int_{-\infty}^{\infty} f(x,y) \exp\{-i2\pi(\nu_x x + \nu_y y)\}\,dxdy \quad (2.37)$$

で表す．関数 $f(x,y)$ が，$f(r)$（$r = \sqrt{x^2 + y^2}$）で表されるとき，$x = r\cos\theta$，$y = r\sin\theta$，$\nu_x = \rho\cos\phi$，$\nu_y = \rho\sin\phi$ と変換すると，式 (2.37) は

$$F(\rho, \phi) = \int_0^a dr \int_0^{2\pi} d\theta\, rf(r) \exp\{-i2\pi\rho r \cos(\theta - \phi)\} \quad (2.38)$$

となる．この式で，θ に関する積分は計算することができ，0次のベッセル関数 $J_0(r)$ を使い

$$F(\rho, \phi) = 2\pi \int_0^a rf(r) J_0(2\pi\rho r)\,dr \quad (2.39)$$

と書ける．ベッセル関数をはじめいろいろな関数の積分については数学公式集で調べることができ，関数 $f(x)$ の形によっては解析的な解を得ることができる場合がある．式 (2.39) は，特にハンケル（Hankel）変換と呼ばれており，回転対象な関数のフーリエ変換を計算するときに役に立つ．

◆ 2.5 相関関数 ◆

　関数 $f(x)$ の自己相関関数は，ある x での値 $f(x)$ が異なる x' における値 $f(x')$ とどの程度まで関係があるか，あるいはどの程度似ているかを表す関数である．相関関数は，関数のフーリエ変換とも深い関係があり，信号の性質を評価するときにしばしば用いられる．また，関数 $f(x)$ とこれと異なる関数 $g(x)$ との間の関係を表すものとして，相互相関関数がある．ここでは，先に自己相関関数の定義，性質について調べる．相関関数は，次節で述べるシステム応答を表す畳込み積分とも深い関係がある．

　自己相関関数は

$$R(x) = \lim_{T \to \infty} \frac{1}{T} \int_{-T/2}^{T/2} f(\xi) f^*(\xi - x) \, d\xi \tag{2.40}$$

で定義される．T は適当にとられた座標の積分間隔であるが，以下では相関積分は有限値に収束するものとし，式（2.40）の極限操作はいちいち書かずに積分は無限区間とし，簡略化して表すこととする．関数 $f(x)$ は，一般的に複素関数として定義しているが，$f(x)$ が実関数のときには

$$R(x) = \int_{-\infty}^{\infty} f(\xi) f^*(\xi - x) \, d\xi = \int_{-\infty}^{\infty} f(\xi + x) f^*(\xi) \, d\xi = R(-x) \tag{2.41}$$

となり，偶関数となる．相関関数として式（2.40）のように書いたときには，式（2.40）の意味であるとする．また

$$R(0) = \int_{-\infty}^{\infty} |f(\xi)|^2 d\xi \tag{2.42}$$

であり，$R(0)$ は，信号の全エネルギーを表している．

　以下に，いくつかの自己相関関数の例をあげる．**図 2.7**（a）のような矩形パルス波の自己相関関数は

2.5 相関関数

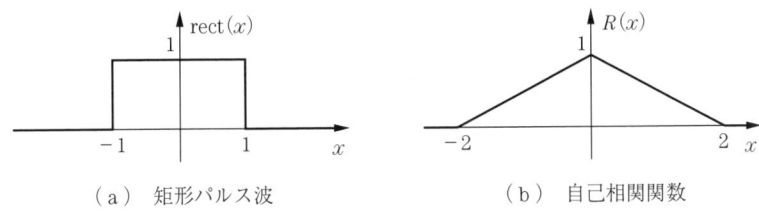

(a) 矩形パルス波　　　　　(b) 自己相関関数

図 2.7　矩形パルス波と自己相関関数

$$R(x) = \int_{-\infty}^{\infty} \text{rect}(\xi)\,\text{rect}(\xi - x)\,d\xi$$

$$= \begin{cases} \int_{-1/2-x}^{1/2} d\xi = 1 - x & x \geq 0 \\ \int_{-1/2}^{1/2+x} d\xi = 1 + x & x < 0 \end{cases} \quad (2.43)$$

と計算され，図 (b) のように表される。

もう一つの例として，図 2.8 (a) に示したようなランダム関数の相関に関して述べておこう。ランダム関数は，解析的な形で関数を表すことはできないが，式 (2.40) の自己相関関数の定義式に従って，自己相関関数を数値的に計算することができる。ランダム雑音の場合，図 (b) の例のように，一般にガウス型に近い分布の自己相関関数が得られる。この関数の幅は，ランダム現象の平均的な帯域を表しており，例えばこれからガウス揺らぎをするブラウン運動粒子の時間的な変化などを調べることができる。

相互相関関数も，自己相関関数と同様に定義でき，異なる二つの関数 $f(x)$ と $g(x)$ の相互相関関数は

$$R(x) = \int_{-\infty}^{\infty} f(\xi)\,g^*(\xi - x)\,d\xi \quad (2.44)$$

と表される。相互相関関数は，たがいの関数が座標 x に関してどの程度似通っているかを表している。

最後に，フーリエ変換と相関関数との間の関係について述べておこう。式 (2.35) のパワースペクトルの定義を使い，パワースペクトルの逆フーリエ変換を計算すると

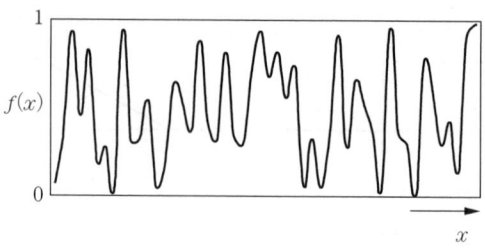

(a) ランダム関数

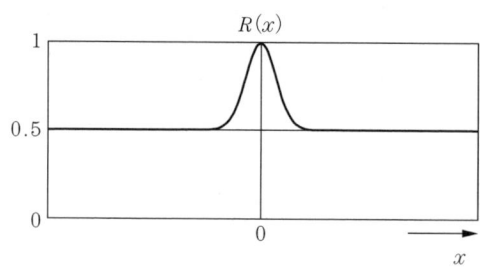

(b) 自己相関関数

図 2.8 ランダム関数とその自己相関関数

$$\int_{-\infty}^{\infty} \Phi(\nu) \exp(i2\pi\nu x) \, d\nu = \int_{-\infty}^{\infty} \left| \int_{-\infty}^{\infty} f(x) \exp(-i2\pi\nu x) \, dx \right|^2 \exp(i2\pi\nu x) \, d\nu$$

$$= \int_{-\infty}^{\infty}\int_{-\infty}^{\infty}\int_{-\infty}^{\infty} \{f(x_1)\exp(-i2\pi\nu x_1) f^*(x_2)\exp(i2\pi\nu x_2) \, dx_1 dx_2\} \exp(i2\pi\nu x) \, d\nu$$

$$= \int_{-\infty}^{\infty}\int_{-\infty}^{\infty}\int_{-\infty}^{\infty} f(x_1) f^*(x_2) \exp\{i2\pi\nu(x_2-x_1+x)\} \, d\nu dx_1 dx_2$$

$$= \int_{-\infty}^{\infty}\int_{-\infty}^{\infty} f(x_1) f^*(x_2) \delta\{x_2-(x_1-x)\} \, dx_1 dx_2$$

$$= \int_{-\infty}^{\infty} f(x_1) f^*(x_1-x) \, dx_1 = R(x) \quad (2.45)$$

となり,パワースペクトルのフーリエ変換は,相関関数となることがわかる。したがって,パワースペクトルと相関関数は,同じ情報を含むことになる。これを,ウィーナー・ヒンチンの定理 (Wiener-Khintchine's theorem) という。また,この式で $x=0$ とおくと

$$\int_{-\infty}^{\infty} \Phi(\nu)\,d\nu = \int_{-\infty}^{\infty} |F(\nu)|^2 d\nu = \int_{-\infty}^{\infty} |f(x)|^2 dx \tag{2.46}$$

が得られ，フーリエ変換面におけるエネルギーと実面におけるエネルギーは同じ，すなわちどのような変換面においても，エネルギーの保存が成り立つことを示している。これを，パーシバルの定理（Parseval's theorem）という。

2.6 線形システムと畳込み積分

　時間変化する信号や光学系における画像信号は，線形システムを伝搬して伝わることが多い。ここでは，そのような信号の伝搬について入力と出力の関係を調べてみよう。多くの物理系，工学系では，入力信号，信号伝搬システム，出力信号の三つがあり，このうち二つの性質がわかっているものとして，残りの一つを求めるというのが通常の問題設定になっている場合が多い。例えば，信号が伝搬するシステムの性質がわかっており，出力信号を得たとき入力信号がどのような信号であるかを求めるいわゆるセンシングシステムの場合などがそれである。

　図2.9のような線形入出力システムで，入力信号を$f(x)$，出力信号を$g(x)$として，入出力の間の関係を求めてみよう。いま，入力信号をデルタ関数を使って

$$f(z) = \int_{-\infty}^{\infty} f(\xi)\delta(z-\xi)\,d\xi \tag{2.47}$$

とおき換える。式(2.47)のように，ある関数（ここではデルタ関数）の座標

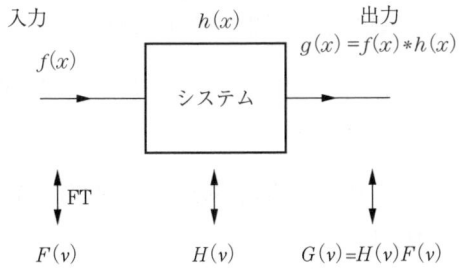

図2.9　線形入出力システム

を移動したものとほかの異なる関数との積を積分した形は，畳込み積分（convolution）と呼ばれる．積分変数 ξ について，相関関数で述べた式 (2.41) の積分計算における関数 f の変数は $\xi-x$ で表されているのに対し，式 (2.47) ではデルタ関数の変数は $z-\xi$ となっており，変数の符号が反転していることに注意しよう．

システム応答を数学的な演算子として S で表してみよう．そうすると，出力関数 $g(x)$ は

$$g(x) = S[f(z)] = \int_{-\infty}^{\infty} f(\xi) S[\delta(z-\xi)] d\xi \tag{2.48}$$

となる．ここで，出力の座標は元の z と同じである保証はなく，時間遅れなどを含む可能性があり，一般的に z とは異なる座標 x とした．また，S は座標 z に対する演算子であり，積分の順序の入れ替えをしている．式 (2.48) のデルタ関数に対する S の演算を

$$S[\delta(z-x)] = h(x, \xi) \tag{2.49}$$

とおいてみよう．関数 $h(x)$ は，デルタ関数に対する線形入出力システムの応答関数であり，インパルス応答と呼ばれる．すなわち，関数 $h(x)$ は，時間変化する現象の例では短時間のパルスを入力としたとき，光学系では点光源を入力としたとき，システムを伝搬した後の信号がどのように広がるかを表している．理想的なシステムでは，インパルスの入力に対して出力として入力と同じ波形のインパルスが得られる．このとき，システムの応答関数はデルタ関数で表されることになる．しかし，一般的な入出力においては，パルス入力は出力側でより広がった幅を持つことになる．システムのインパルス応答がわかったとして，式 (2.49) を使うと，一般的な入力関数 $f(\xi)$ に対して

$$g(x) = \int_{-\infty}^{\infty} f(\xi) h(x, \xi) d\xi \tag{2.50}$$

として出力関数が得られる．

線形入出力システムの多くは，時間あるいは空間に対して不変な系となっており，このような系ではシステム関数は

$$h(x,\xi)=h(x-\xi) \tag{2.51}$$

のように座標の差だけの関数として与えられる.このとき,信号出力は

$$g(x)=\int_{-\infty}^{\infty}f(\xi)h(x-\xi)d\xi=f(x)*h(x) \tag{2.52}$$

のように,入力信号とシステム応答の畳込み積分で与えられることになる.関数 $f(x)$ と $h(x)$ の畳込み積分は,式 (2.52) の最後の式の記号 * を使ってその演算を表すことがある.本書でも,畳込み積分を同様の記号で表すことにする.すでに述べたように,式 (2.52) は式 (2.41) の相互相関の式と似た形になっているが,積分の中の二番目の関数中で,座標の差のとり方が異なっていることに注意したい.相関関数のときには,関数 $f(\xi)$ と ξ について座標を x だけ移動した関数 $g(\xi-x)$ との積をとり,これを積分したものである.これに対し畳込み積分では,関数 $f(\xi)$ と ξ について座標を x だけ移動し裏返しにした関数 $h(x-\xi)$ との積をとり,これを積分したものである.

式 (2.52) で,システム関数 $h(x-\xi)$ がわかっているとき,出力 $g(x)$ から入力関数 $f(x)$ を求めるためには,積分方程式を解く必要がある.これは,一般的に手間のかかる方法であるが,それぞれの関数のフーリエスペクトルを使うと,積分方程式を解かずに入力関数 $f(x)$ を求めることができる.出力関数 $g(x)$ のフーリエ変換は

$$\begin{aligned}G(\nu)&=\int_{-\infty}^{\infty}\int_{-\infty}^{\infty}\{f(\xi)h(x-\xi)d\xi\}\exp(-i2\pi\nu x)dx\\&=\int_{-\infty}^{\infty}\int_{-\infty}^{\infty}f(\xi)h(x-\xi)\exp\{-i2\pi\nu(x-\xi)-i2\pi\nu\xi\}d\xi dx\\&=\int_{-\infty}^{\infty}\int_{-\infty}^{\infty}[h(x-\xi)\exp\{-i2\pi\nu(x-\xi)dx]f(\xi)\exp(-i2\pi\nu\xi)d\xi\\&=H(\nu)F(\nu)\end{aligned} \tag{2.53}$$

となり,関数の畳込み積分は,対応するフーリエ変換面においてはそれぞれの関数をフーリエ変換したものの積で表されることがわかる.このことから,システムのフーリエ変換 $H(\nu)$ がわかっており,出力のフーリエ変換 $G(\nu)$ が得られたとき,入力関数のフーリエ変換は $F(\nu)=G(\nu)/H(\nu)$ によって計算

される。求めた $F(\nu)$ を逆フーリエ変換すると，元の入力関数 $f(x)$ が得られる。ただし，$H(\nu)$ には必ず零点が含まれ，零点となる ν の値においては $F(\nu)$ を正確に求めることができない。このとき，信号回復で用いる $T(\nu) = 1/H(\nu)$ は逆フィルタと呼ばれ，これについては7章で詳しく学ぶ。$H(\nu)$ をシステムの伝達関数（transfer function）という。

2.7 サンプリングの定理

　例えば，時間的に変化する物理信号は，時間に対して切れ目なく連続した信号となっている。このような信号を，計算機などを用いて解析しようとすると，時間について離散的な間隔でこの信号を読み取らなければならない。では，いったいどのくらいの時間間隔で信号をサンプリングすればよいのだろうか。時間に対して細かく信号をサンプリングすれば，より元の信号を忠実に再生できるであろうことは間違いない。しかし，データ量は膨大になる。これに対してあまりサンプリング間隔が開きすぎると，今度は元の情報が失われてしまう。より少ないデータで元の信号についての最大（数学的には完全な）の情報を与えようとするのが，ここで述べるサンプリングの定理である。このことは，空間的な画像についても同様な議論として成り立つ。すなわち，連続する空間画像についてもやはり最適なサンプリング画素の単位が存在する。

　サンプリングの定理は，信号の最大帯域幅がわかっているとき，この帯域幅に関係した一定の時間間隔で信号をサンプリングすれば，元の信号を正しく再生することができるというものである。サンプリングの定理は，フーリエスペクトルと関係が深く，フーリエ変換の性質を使うことにより説明ができる。以下では，この定理について述べる。信号を関数 $f(x)$ で表し，**図 2.10**（a）に示すように，この信号を x について等間隔 X でサンプリングする場合を考えてみよう。サンプリングされた関数を $f_s(x)$ とすると，$f_s(x)$ は

$$f_s(x) = \text{comb}\left(\frac{x}{X}\right) f(x) \tag{2.54}$$

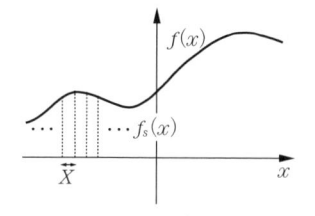

2.7 サンプリングの定理

(a) 関数のサンプリング

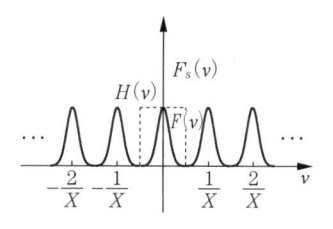

(b) サンプリングデータの
フーリエスペクトル

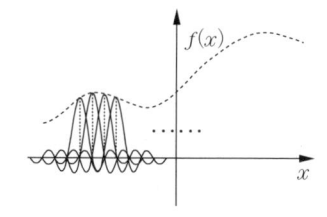

(c) サンプリングデータを
使った元の波形の合成

図 2.10 サンプリングの定理

と書ける。ここで，comb(x) はコム関数（櫛の歯関数）と呼ばれ

$$\mathrm{comb}(x) = \sum_{n=-\infty}^{\infty} \delta(x-n) \tag{2.55}$$

のように定義される。

式 (2.54) から，サンプリングされた関数 $f_s(x)$ のフーリエスペクトルは

$$F_s(\nu) = \mathrm{FT}\left[\mathrm{comb}\left(\frac{x}{X}\right)\right] * F(\nu) \tag{2.56}$$

と書ける。comb 関数のフーリエ変換は，やはり comb 関数になることが，次のようにして容易に確かめられる。式 (2.55) のフーリエ変換は

$$\int_{-\infty}^{\infty} \mathrm{comb}(x) \exp(-i2\pi\nu x)\, dx = \sum_{n=-\infty}^{\infty} \exp(-i2\pi n\nu) \tag{2.57}$$

となる。ここで，comb 関数を級数展開して

$$\mathrm{comb}(x) = \sum_{n=-\infty}^{\infty} a_n \exp(-i2\pi n\nu) \tag{2.58}$$

のように書く。ここで，係数 a_n は

$$a_n = \int_{-1/2}^{1/2} \mathrm{comb}(x) \exp(-i2\pi nx)\, dx = 1 \tag{2.59}$$

となり，式（2.55）の右辺の関数形は式（2.57）と等しくなる．このことを使うと，式（2.56）は

$$F_s(\nu) = \sum_{n=-\infty}^{\infty} \delta\left(\nu - \frac{n}{X}\right) * F(\nu) = \sum_{n=-\infty}^{\infty} F\left(\nu - \frac{n}{X}\right) \tag{2.60}$$

となる．

　式（2.60）を見ると，サンプリングされたスペクトルは，図（b）に示したように，元の信号のスペクトルを $\nu = 1/X$ の間隔で並べたものであることがわかる．はじめにも述べたように，信号はある最大の帯域を持っているものとしているので，この帯域 B が $1/2X$ の幅よりも小さいときには，サンプリングされたスペクトル面で，たがいに隣のスペクトルと重なることはなく，$\nu = 0$ の周りの元の信号のスペクトルのみを分離することが可能になる．したがって，分離できるサンプリングの条件は

$$X \leq \frac{1}{2B} \tag{2.61}$$

である．すなわち，サンプリング間隔を $X = 1/2B$ とするとき，最もよい効率でデータのサンプリングができることがわかる．

　さて，図（b）に示したようなサンプリングされた信号のスペクトルから，元の信号のスペクトルのみを取り出すには，次のようなフーリエ変換面でのフィルタを通すとよい．

$$H(\nu) = \mathrm{rect}\left(\frac{\pi\nu}{B}\right) \tag{2.62}$$

$X = 1/2B$ のとき，式（2.62）のフィルタ関数を掛けると

$$F_s(\nu) H(\nu) = F(\nu) \tag{2.63}$$

となり，正確に元の信号のフーリエ変換が得られる．式（2.63）をフーリエ逆変換すると，右辺は元の信号 $f(x)$ となるが，左辺はどのようになるであろうか．式（2.63）右辺をフーリエ変換すると

2.7 サンプリングの定理

$$f(x) = \left[\mathrm{comb}\left(\frac{x}{X}\right)f(x)\right] * h(x)$$

$$= \left\{\sum_{n=-\infty}^{\infty} \delta\left(\frac{x}{X} - n\right)f(x)\right\} * \{2B\mathrm{sinc}(2Bx)\}$$

$$= \sum_{n=-\infty}^{\infty} f\left(\frac{n}{2B}\right)\mathrm{sinc}\left\{2B\left(x - \frac{n}{2B}\right)\right\} \tag{2.64}$$

となる。式 (2.64) によると，図 (c) に示したように，$X=1/2B$ の間隔でサンプリングした信号に，サンプリングの間隔に等しい広がりを持つ sinc 関数を掛けて足し合わせることにより，元の信号が正しく再生されるということがわかる。これを，シャノン（Shannon）のサンプリングの定理と呼ぶ。

実際のシステムでは，伝送できる周波数帯域，計測などにおいては検出可能な周波数帯域が限定されているため，サンプリングの定理の適用は非常に有効である。図 (b) からわかるように，信号帯域 B に対し $X \ll 1/2B$ となるサンプリングをすると，式 (2.62) のフィルタ関数の幅に対しサンプリングされた関数幅がかなり小さくなるため，無駄な周波数情報を使って原信号を再生することになる。これをオーバサンプリングといい，効率的な信号サンプリングとして望ましくない。一方，信号帯域 B に対し $X \gg 1/2B$ となるサンプリングをすると，サンプリングされた関数のフーリエ変換の幅が，式 (2.62) のフィルタ関数の幅を超え，隣り合うスペクトルと重なるため，フィルタ関数を掛けて信号再生しても，原関数を正しく再生することはできない。これをアンダーサンプリングといい，これも信号サンプリングとしては望ましくない。したがって，先に示したように $X=1/2B$ となるようにサンプリングをするのが最適なサンプリング条件であるといえる。しかし，一般に現実の信号には雑音が含まれるため，実際の信号サンプリングにおいて $X=1/2B$ でのサンプリングを行っても正しく信号再生をすることは難しい。雑音がある場合にどのような信号サンプリングが望ましいかは，雑音のレベルによって条件が変わるため，一般的な議論は難しい。雑音がある場合には，理想的なサンプリング条件から求められる $X=1/2B$ よりも多少サンプリング間隔を小さくする必要がある。

演習問題

2.1 式 (2.18),式 (2.19) が実際にデルタ関数に近似できることを示せ。

2.2 式 (2.21) を使い,展開係数 a_n, b_n が式 (2.22) で与えられることを示せ。

2.3 次式で定義される関数について,フーリエ級数展開により三角関数の無限級数和として表せ。

$$f(x)=\frac{2(x-nx_0)}{x_0} \qquad \left(n-\frac{1}{2}\right)x_0 < x < \left(n+\frac{1}{2}\right)x_0$$

2.4 式 (2.36 b) を証明せよ。

2.5 式 (2.36 e) を証明せよ。

2.6 $H(\nu)F(\nu)$ の逆フーリエ変換は $\int_{-\infty}^{\infty} f(\xi)h(x-\xi)d\xi$ となることを計算により示せ。

2.7 comb 関数を級数展開したときの係数 a_n が,式 (2.59) に示すように $a_n=1$ となることを確かめよ。

3 光の伝搬と回折

例えば，電気回路，あるいは伝送路においてきわめて短い時間幅を持つパルス信号が伝搬するとき，出力信号は通常元の信号の時間幅よりも広がったものとなる。これは，信号が伝搬するシステムの応答が有限な帯域で制限されているからである。光波の例では，帯域制限された信号というのは，有限な大きさを持つ開口によって通過波面を制限し，光波面のある一部の情報のみを伝搬させること，すなわち光の回折現象を起こさせることである。一方，特定の情報のみを取り出す操作とは，回折光の空間的なある一部分を抽出することであり，7.4節で述べるフォトニック・フィルタリングのことにほかならない。ここでは，フーリエ光学の基礎となる，光の回折現象について述べ，いくつかの具体例をあげる。

3.1 ホイヘンスの原理

ホイヘンス（Huygens）は，1690年，波動説による光波伝搬の原理を唱えた。この時代は，ニュートンによる光の粒子説が広く受け入れられており，ホイヘンスの光の波動説に対する正しい評価は，約100年後のヤング（Young）の光干渉実験を待たねばならなかった。光が波動であることがわかると，ホイヘンスの波動の原理は，フレネル（Fresnel），キルヒホッフ（Kirhihoff）らによって電磁波としての回折理論へと発展していった。そして，ゾンマーフェルト（Sommerfeld）によって，厳密な光の回折理論が作られた。

ホイヘンスの原理は，一部に考え方として難点はあるものの，光が波として伝搬することをうまく説明できるため，今日でもしばしば光の伝搬の説明として使われている。ホイヘンスの原理とは次のようなものである。

「光源からの光波動によりある時刻において波面が作られているとき，次の

時刻における波面は，次のようにして求められる。最初の波面上において，波面上の各点が新たな2次点光源となり，そこから次の球面波が発生する。そして，次の時刻におけるそれぞれの球面波の包絡線が，その時刻における新しい波面となり，光が次々に伝搬していく。」

これを図3.1に示した。ホイヘンスは，このとき2次点光源からの位相が$\pi/2$だけ遅れるということも指摘している。この$\pi/2$の位相遅れは，後にフレネル，キルヒホッフらによって計算される回折理論で，回折計算において生じる新しい波面の複素振幅係数である純虚数$-i$の意味である。ホイヘンスの原理を使うと，光の反射，屈折や光の回折などをうまく説明することができる。しかし，この原理には欠点が一つある。それは，光は2次点光源からの球面波として伝搬方向に進むだけでなく，光が進んできた元の方向にも伝搬する成分が生じるということである。実際のわれわれの経験では，そのようなことは起こらず，光は空間のある一つの方向のみに伝搬するということを知っている。この欠点を補うのが，3.3節に述べるフレネルの回折理論であるがその前に，本書の基本となるヘルムホルツ方程式について触れる。

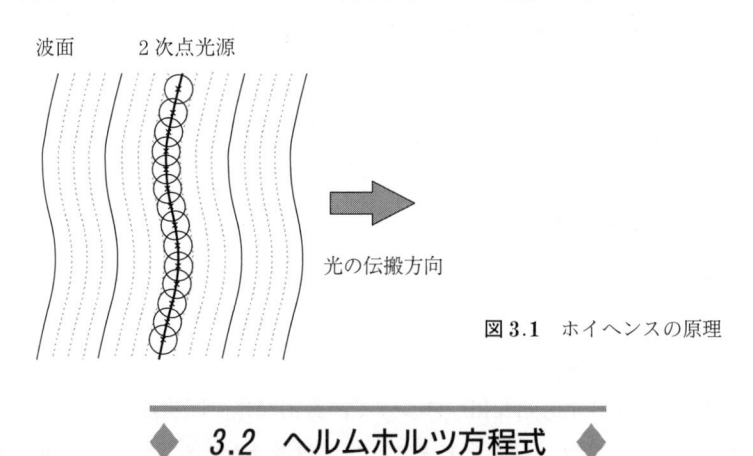

図3.1　ホイヘンスの原理

◆ 3.2　ヘルムホルツ方程式 ◆

電磁場は，x，y，z方向の伝搬成分を持つベクトルとして定義される。一般の誘電体中におけるマクスウェルの電気，磁気に関する方程式は，伝導電流

は流れず,マクロな平均電荷はないとして

$$\nabla \times \boldsymbol{E} = -\mu \frac{d\boldsymbol{H}}{dt} \tag{3.1}$$

$$\nabla \times \boldsymbol{H} = \varepsilon \frac{d\boldsymbol{E}}{dt} \tag{3.2}$$

$$\nabla \cdot (\varepsilon \boldsymbol{E}) = 0 \tag{3.3}$$

$$\nabla \cdot (\mu \boldsymbol{H}) = 0 \tag{3.4}$$

と書ける。誘電率 ε と透磁率 μ は時間変化しない定数であるが,非等方不均質媒質では3次元座標方向に依存して異なる値をとる。しかし,一般の誘電体では,透磁率 μ は座標方向の依存性はなく,ほとんど真空の透磁率 μ_0 に等しく,$\mu = \mu_0$ とすることができる。

はじめに,誘電体媒質を ε が座標の関数となる非等方的媒質について考えよう。式 (3.1)～(3.4) において,ベクトル演算のいくつかの公式と,マクスウェルの式から導かれる関係を使い,$\nabla \times \nabla \times \boldsymbol{E} = \nabla (\nabla \cdot \boldsymbol{E}) - \nabla^2 \boldsymbol{E}$ であることを使うと,ベクトル電場 $\boldsymbol{E}$ に対する電磁波の伝搬式として

$$\nabla^2 \boldsymbol{E} + 2\nabla (\boldsymbol{E} \cdot \nabla \ln n) - \frac{n^2}{c^2} \frac{\partial^2 \boldsymbol{E}}{\partial t^2} = 0 \tag{3.5}$$

が得られる。n は媒質の屈折率,$c = \sqrt{1/\varepsilon_0 \mu_0}$ は真空中の光速度である。誘電体中では,屈折率は

$$n = \sqrt{\frac{\varepsilon}{\varepsilon_0}} \tag{3.6}$$

の関係がある。ε_0 は真空中の誘電率である。等方均質な媒質では ε の座標依存性はなく,完全な定数として取り扱うことができる。したがって,等方的媒質では n は座標依存性がない定数として,式 (3.5) の電磁波方程式は

$$\nabla^2 \boldsymbol{E} - \frac{n^2}{c^2} \frac{\partial^2 \boldsymbol{E}}{\partial t^2} = 0 \tag{3.7}$$

となる。磁場 $\boldsymbol{H}$ に関しても,同じ形式の電磁波波動の伝搬式が容易に導かれる。

電場の特定方向成分,例えば均質誘電体中での E_x を考えると,この成分に

ついては,式 (3.7) のベクトル $\boldsymbol{E}$ をスカラ成分 E_x とおき換えて,スカラ波動方程式としての記述ができる。ほかの電場成分でも,同様なスカラ波動方程式として記述ができる。また,磁場についても各座標成分について同様なスカラ波動方程式に書き下すことができる。しかし,一般には直交座標の三成分についての伝搬の記述が必要である。ここでは,光の回折について考えるが,回折を起こす開口の大きさが波長程度のときや,開口が波長よりも十分大きくても,開口エッジから光の伝搬距離が短い場合には,波動場の伝搬としてそれぞれの電場,磁場のカップリングが生じる。この場合には,各成分単独のスカラ波動方程式としての記述では不十分であり,ベクトル的な取扱いが必要となる。これに対し,開口の大きさが光の波長に比べ十分に大きく,議論する光の伝搬距離が開口から十分に離れているとき(一般に開口径 $D \gg \lambda$ で,伝搬距離 $z \gg \lambda$ のとき)には,よい近似でそれぞれの電場,磁場成分をたがいに干渉のないスカラ波動方程式として記述してよい。

以下で論じる回折理論の取扱いの範囲(回折角で数度から $10°$ 程度以下,5.4 節で述べる NA (numerical aperture,開口数) でいうと NA$=D/z$ が 0.1 程度以下)では,スカラ理論が十分な精度で成り立つ。したがって,電場,磁場のスカラ成分を座標点 Q について代表的に $U(Q,t)$ と表し,単色光(周波数 ν)の平面波の伝搬として

$$U(Q,t)=U(Q)\exp(-i2\pi\nu t) \tag{3.8}$$

と書いてみる。$U(Q)$ は座標のみに依存した光の複素振幅である。等方的媒質を仮定して,これを式 (3.7) に代入すると,スカラ波動方程式

$$\nabla^2 U + k^2 U = 0 \tag{3.9}$$

が得られる。ここで,k は伝搬光の波数

$$k = n\frac{2\pi}{\lambda} = 2\pi n \frac{\nu}{c} \tag{3.10}$$

である。式 (3.9) はヘルムホルツ方程式と呼ばれ,スカラ電磁波動の伝搬において頻繁に用いられる。本書でも,光の回折としては,このヘルムホルツ方程式を基本としている。

◆ 3.3 フレネルの回折理論 ◆

前節で議論したように，ここで取り扱う光としては，単一周波数の波であるとして，複素光振幅の時間項を省略して表示する．**図 3.2** に示すように，点光源 P_0 から出た光の振幅は，開口面上の点 Q において

$$u(Q) = A \frac{\exp(ikr_0)}{r_0} \tag{3.11}$$

のように書ける．r_0 は点 P_0 から点 Q までの距離，A は光源の振幅である．

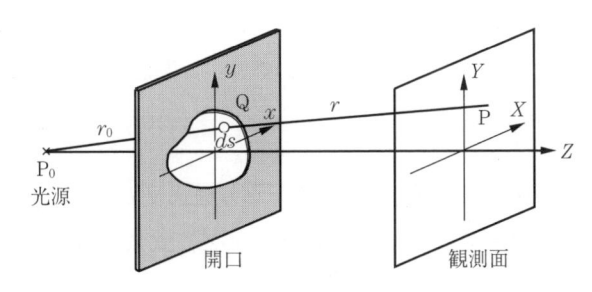

図 3.2 開口からの光の回折

ホイヘンスの原理によると，点 Q の近傍の微小要素 ds から 2 次点光源による波面が出たとして，ある観測点 P に至る光の振幅は

$$du(P) = u(Q) K(\theta) \frac{\exp(ikr)}{r} ds \tag{3.12}$$

と書ける．ここで，光源方向へ戻る光が発生しないように，ホイヘンスの原理では考慮されていなかった伝搬方向の重み項 $K(\theta)$ を導入した．$K(\theta)$ は，$\theta = 0$ で 1，$\theta = \pi$ で 0 となる関数である．図に示した開口の回折において，式 (3.12) を使い開口の後方の任意の点における光の振幅分布を計算することができる．

ここでは，$K(\theta)$ が，図の開口を境界条件とする光の回折のヘルムホルツ方程式の解として，実際に計算により求められることを示そう．いま r_0 が開口の大きさに比べて十分大きいとする近軸近似を仮定すると，電磁波動方程式

はスカラ場として，前節で述べたヘルムホルツ方程式を用いて記述することができる。光の3次元波動場を U とすると，自由空間におけるヘルムホルツ方程式は，$\nabla^2 U + k^2 U = 0$ と書けた。ところで，ある物理量があり，それがある閉じた空間を通して出入りするときに，その物理量 U と随伴するグリーン関数 G との間に

$$\iiint_V (G\nabla^2 U - U\nabla^2 G)\, dV = \iint_S \left(G\frac{\partial U}{\partial n} - U\frac{\partial G}{\partial n} \right) dS \tag{3.13}$$

の関係が成り立つ。ここで，V は閉じた空間の体積，S はその表面積，$\boldsymbol{n}$（ここでは $\boldsymbol{n}$ は屈折率ではないことに注意）はその表面における法線である。閉じた空間としては，図 3.3 (a) に示すように，観測点 P を中心とする開口を含む適当な空間を考える。3次元空間でのグリーン関数として，次式を使う。

$$G = \frac{\exp(ikr)}{r} \tag{3.14}$$

グリーン関数は波動場と同様にヘルムホルツ方程式 $\nabla^2 G + k^2 G = 0$ を満足するため，式 (3.13) の左辺は零となることがわかる。式 (3.13) の右辺の面積積分を，図 (a) のように

$$\iint_S = \iint_\varepsilon + \iint_{S'}$$

と分けて考えるが，ε（ここでは ε は誘電率ではない）は場が収束する特異点 P を中心とする微小体積での積分，S' は開口を含む ε 以外の空間の積分であ

（a）積分境界　　　（b）開口面における法線の関係

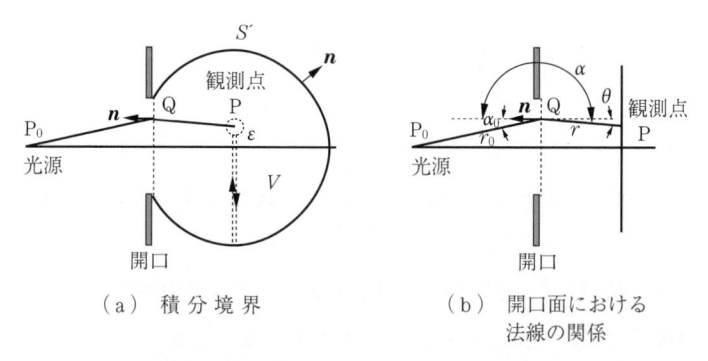

図 3.3　ヘルムホルツ方程式の境界条件

り，後者の積分では開口部以外は無限空間への積分として拡張して計算する．ε を無限小とすると，この部分の積分は収束し

$$\iint_S = -4\pi U(P) + \iint_{S'} = 0$$

となる．S' は開口とそれ以外の無限に広がる空間となるが，開口以外の無限に広がる空間では光の場は最終的に微弱になり零としてよく，したがって積分は開口部分 Q のみについて行うことになる．最終的に，点 P での光の振幅は

$$U(P) = \frac{1}{4\pi} \iint_Q \left(G \frac{\partial U}{\partial n} - U \frac{\partial G}{\partial n} \right) dS \tag{3.15}$$

となる．

さて，開口上の光の振幅が式 (3.12) で表される場合に戻ろう．このとき，式 (3.15) の U をあらためて $u(Q)$ とすると

$$\frac{\partial u}{\partial n} = A \cos \alpha_0 \left(ik - \frac{1}{r_0} \right) \frac{\exp(ikr_0)}{r_0} \approx ikA \cos \alpha_0 \frac{\exp(ikr_0)}{r_0} \tag{3.16}$$

となる．式 (3.16) では，r_0 は光の波長に比べ十分大きいとした．同様にグリーン関数についても

$$\frac{\partial G}{\partial n} \approx ik \cos \alpha \frac{\exp(ikr)}{r} \tag{3.17}$$

が得られる．法線に対する角度 α, α_0 の定義として，図（b）のような定義をしている．

これらをまとめると，点 P の光の振幅として

$$u(P) = A \frac{1}{i\lambda} \iint_Q \frac{\exp\{ik(r_0 + r)\}}{r_0 r} \frac{\cos \alpha_0 - \cos \alpha}{2} dS \tag{3.18}$$

が得られる．開口を表す関数 $f(Q)$ の形状については，式 (3.18) の積分における領域 Q として含めて考えている．式 (3.18) は元々近軸での式であり，$\alpha = \pi + \theta$ とおき，さらに近似として $\alpha_0 \approx 0$ とすると，被積分関数の第 2 項は

$$K(\theta) = \frac{\cos \alpha_0 - \cos \alpha}{2} \approx \frac{1 + \cos \theta}{2} \tag{3.19}$$

となる．この関数は，$\theta = 0$ で 1，$\theta = \pi$ で 0 となる先に述べた光の伝搬方向へ

の重み関数であり，傾斜因子と呼ばれる。

開口の具体的な関数を $f(Q)$ とし，照明光を含む開口関数を

$$u_Q(Q) = A\frac{\exp(ikr_0)}{r_0}f(Q) \tag{3.20}$$

とすると，点Pでの光の振幅は

$$u_P(Q) = \frac{1}{i\lambda}K(\theta)\iint_Q u_Q(Q)\frac{\exp(ikr)}{r}dS \tag{3.21}$$

と書ける。この式は，フレネル・キルヒホッフ（Fresnel-Kirchhoff）積分と呼ばれる。この式は，ホイヘンスの原理を定式化したものであり，2次点光源から放出される波面の方向依存性が $K(\theta)$ であり，その振幅が $1/\lambda$ となり，2次点光源から波面が放出されるときに位相が $\pi/2$ だけ遅れることを示している。傾斜因子の前にある係数であるが，この解釈として，ある波面上から放出されるとする点光源の大きさが λ 程度であり，その波面は時間変化成分の $\exp(-i\omega t)$ 微係数に比例するので $-i$，すなわち $1/i$ の係数が付加されるものと考えることができる。この係数は2次点光源の位相遅れ $\pi/2$ を意味している。この式から，具体的な光の振幅が計算されることになるが，実際に計算を実行しようとすると，式（3.21）をさらに直交座標で表す必要がある。

◆ 3.4 フレネル回折とフラウンホーファー回折 ◆

光が伝搬する光軸方向の座標を z とし，開口と観測面ともに2次元平面を考え，光の回折面Pの座標を (X, Y)，開口面Qの座標を (x, y) とし，近軸近似を仮定し，傾斜因子を $K(\theta) \approx 1$ とすると，回折の式（3.21）は

$$u_P(X, Y) = \frac{1}{i\lambda}\iint_Q u_Q(x, y)\frac{\exp(ikr)}{r}dxdy \tag{3.22}$$

$$r^2 = \sqrt{(x-X)^2 + (y-Y)^2 + z^2} \tag{3.23}$$

と直交座標に変換でき，u_Q に具体的な形を与えることにより回折光の振幅が計算される。z は開口と観測面との距離である。さらに，式（3.23）について，

3.4 フレネル回折とフラウンホーファー回折

計算が容易にでき，よく使われる形に展開してみよう。$(x-X)$ と $(y-Y)$ が z に比べて十分小さいとしこれらについて r を展開し，$z^2 \gg (x-X)^2$, $(y-Y)^2$ であることを使い，展開項の第2項までとると

$$r \approx z + \frac{(x-X)^2 + (y-Y)^2}{2z} \tag{3.24}$$

が得られる。したがって，点 P の光の振幅は

$$u_P(X, Y) = \frac{1}{i\lambda z} \exp\left\{ikz + \frac{1}{2z}(X^2 + Y^2)\right\}$$
$$\times \iint_Q u_Q(x, y) \exp\left\{-\frac{ik}{z}(xX + yY) + \frac{ik}{2z}(x^2 + y^2)\right\} dx dy \tag{3.25}$$

のように書ける。

ここで，式 (3.22) の被積分関数の r は，式 (3.24) 右辺において z に比べ第2項が十分に小さいとし，第1次近似として $r \approx z$ とした。しかし，指数関数部分の r を含む項は，r そのものの大小ではなく，式 (3.24) の第2項に k を掛けたものが π に比べて無視できる程度に小さいかどうかによって，この項を省略できるかどうかを考える必要がある。実際の光の伝搬を考えたとき，例えば，式 (3.24) の第2項の分子が 10 mm^2 の程度の範囲で変化し，$z = 100$ mm, $k = 10^4 \text{ mm}^{-1}$ (可視光の波長) の場合を仮定すると，指数部分の変化は π の値を超えて〜10 程度となり，この値は積分計算において無視できない。したがって，指数部分においては $r \approx z$ の近似はできないことになり，式 (3.24) の第2項成分は残しておかなければならない。このような積分をフレネル積分といい，この近似が成り立つ範囲の条件をフレネル条件と呼んでいる。

さらに，フレネル積分の特別な場合として，式 (3.25) で示した積分の被積分関数のうち，指数第2項の座標の2乗の項が小さいとして省略できる場合を考える。すなわち，開口の最大幅が距離 r に比べて十分に小さく，さらに $k(x^2 + y^2)/2z$ が1に比べて十分小さいという条件である。この条件のもとで，光の振幅は

$$u_P(X, Y) = \frac{1}{i\lambda z}\exp\left\{ikz + \frac{1}{2z}(X^2 + Y^2)\right\}$$
$$\times \iint_Q u_Q(x,y)\exp\left\{-\frac{ik}{z}(xX + yY)\right\}dxdy \quad (3.26)$$

と書ける。式（3.26）によると，積分の外側の項を除けば，開口関数 u_Q の2次元フーリエ変換として，観測面での回折光分布が記述できるということを示している。式（3.26）の近似ができる条件をフラウンホーファー（Fraunhofer）条件，あるいは観測面が十分に遠方にあるという意味でファーフィールド（far-field）条件，あるいは遠視野条件と呼んでいる。ここで，フラウンホーファー回折が起こるための条件をもう一度思い起こしてみよう。開口の最大幅を D とすると，この条件は

$$\frac{k}{2z}(x^2 + y^2) \leq \pi\frac{D^2}{\lambda z} \ll 1 \quad (3.27)$$

となる。すなわち，$z \gg D^2/\lambda$ 程度に十分離れた観測面においてはフラウンホーファー条件が成り立つことを示している。例えば，$\lambda = 1\,\mu\mathrm{m}$，$D = 1\,\mathrm{mm}$ を使うと，必要とされる伝搬距離は $z \gg 1\,\mathrm{m}$ となる。これより短い距離 z における光の回折では，式（3.25）のフレネル積分を使う必要がある。さらに，開口に近い距離ではフレネルの積分は使えず，ヘルムホルツ方程式ではなく，ベクトル場の電磁波方程式により回折場を計算する必要がある。この事情を，開口からの光の回折として**図 3.4** に示した。

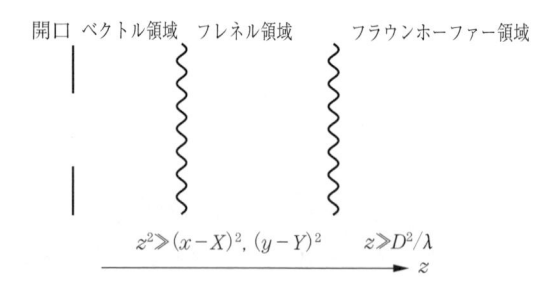

図 3.4 開口からの距離による各回折領域

さて，式（3.26）の積分中の符号をとった指数項であるが，この項は

$$i\frac{k}{z}(xX + yY) = i2\pi\left(\frac{X}{\lambda z}x + \frac{Y}{\lambda z}y\right) = i2\pi(\nu_x x + \nu_y y) \quad (3.28)$$

のように書くことができる。ここで，$\nu_x = X/\lambda z$, $\nu_y = Y/\lambda z$ は波長分の1の周波数の次元を持ち，時間周波数と比較して空間周波数（spatial frequency）と呼ぶ。時間的な周波数は信号の時間的な細かさを表すが，空間周波数は信号の空間構造の細かさを表している。空間周波数は時間周波数とは異なり2次元であり，信号の細かさとその細かさの空間方向を示している。画像についての空間周波数としては，空間的に1mm当りに何本の線（line pair）を分解できるか，あるいは書き込むことができるかの目安として，〔lp/mm〕という単位が用いられる。例えば，ある画像の細かさが周期的であり，1mm当りに10本の線を描いたとすると，この画像の空間周波数成分は10 lp/mm であるという。

3.5 フラウンホーファー回折の例

ここでは，光の回折としてフラウンホーファー回折の例について，四つの場合を考えてみよう。第一に，図3.5に示すように，平面波によって照明された矩形開口からの光の回折である。光の振幅の大きさを1とし，x 方向の開口の幅を a, y 方向を b として，開口面での振幅関数は次式で与えられる。

$$u_Q(x, y) = \text{rect}\left(\frac{x}{a}\right)\text{rect}\left(\frac{y}{b}\right) \tag{3.29}$$

通常の観測では回折光の振幅ではなくその強度を見るので，その場合には位相項は関係がなくなるため，式（3.26）の u_P の積分の外にある定数と位相項

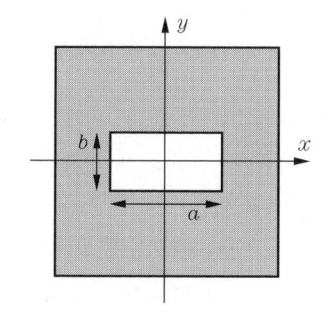

図3.5 矩形開口

を省略して,積分項のみを計算すると

$$u_P(\nu_x, \nu_y) = \iint_Q u_Q(x,y) \exp\{-i2\pi(\nu_x x + \nu_y y)\} dx dy$$

$$= \int_{-a/2}^{a/2} dx \int_{-b/2}^{b/2} dy \exp\{-i2\pi(\nu_x x + \nu_y y)\}$$

$$= ab\,\mathrm{sinc}(a\nu_x)\mathrm{sinc}(b\nu_y) \tag{3.30}$$

となり,矩形開口の回折は2次元のsinc関数で与えられることがわかる。観測される回折光の強度は式(3.30)の2乗となり,**図3.6**に示す光強度分布を持つ。式(3.30)で,回折光が最初に零となる幅を回折広がりとして定義すると,その幅はx方向の半値幅で次式となる。

$$X_0 = \frac{\lambda z}{a} \tag{3.31}$$

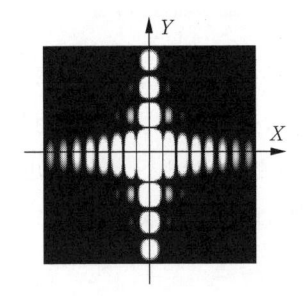

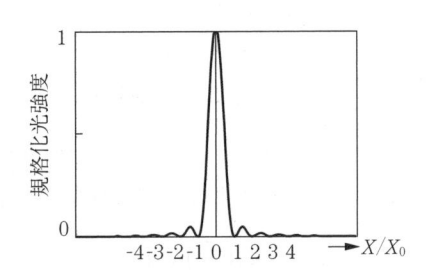

(a) 2次元回折光強度分布　　(b) X軸方向の光強度分布

図3.6 矩形開口からのフラウンホーファー回折

次に,実際によく使われる開口として**図3.7**に示すような円形開口がある。円形開口として,直径がaであるピンホールのようなものを考える。すなわち

$$u_Q(x,y) = \mathrm{circ}\left(\frac{r}{\frac{a}{2}}\right) \tag{3.32}$$

となる開口を考える。$\mathrm{circ}(r)$ ($r = \sqrt{x^2 + y^2}$) は,($r \leq 1$)で1となる関数である。circは動径方向rのみの関数であるから,直交座標を極座標に変換して,式(2.38),(2.39)の結果を使うとよい。これにより,この回折積分は

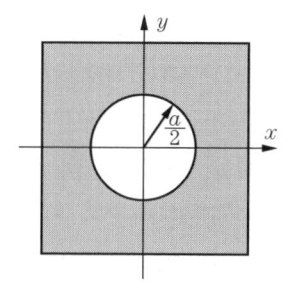

3.5 フラウンホーファー回折の例

図 3.7 円形開口

$$u_P(\nu_x, \nu_y) = \iint_Q \text{circ}(x,y) \exp\{-i2\pi(\nu_x x + \nu_y y)\} dx dy$$

$$= \int_0^{2\pi} d\theta \int_0^{a/2} dr\, r \exp\{-i2\pi\rho r \cos(\theta-\phi)\}$$

$$= 2\pi \int_0^{a/2} r J_0(2\pi\rho r)\, dr$$

$$= \pi \left(\frac{a}{2}\right)^2 \frac{2J_1(\pi a\rho)}{\pi a\rho} \tag{3.33}$$

と計算される。ここで，J_0，J_1 は第1種の0次と1次のベッセル関数である。円形開口からの光の回折は，矩形開口のときと同様に**図 3.8** に示すようにその振幅（光強度）が振動しながら減衰していくパターンとなる。光の回折パターンが最初に零となる幅は $\rho = 1.22/a$ で与えられる。周波数 ρ を実際の空間の座標に変換し，その大きさを直交座標の成分として表すと

$$X_0 = 1.22 \frac{\lambda z}{a} \tag{3.34}$$

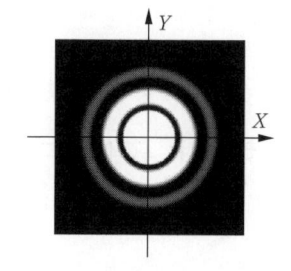

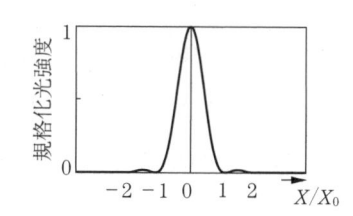

（a）2次元回折光強度分布　　（b）X軸方向の光強度分布

図 3.8 円形開口からのフラウンホーファー回折

3. 光の伝搬と回折

となり，円形開口による光の回折としてリング状のパターンが得られる。式(3.31)と比べると，係数が1.22となっている以外はまったく同じ形式であることがわかる。光の回折は，開口の形によってその広がりの詳細は異なるが，これからもわかるように開口の大きさを a とすると，回折広がりはおおむね $\lambda z/a$ の程度となる。円形開口からの光の回折において，特に図（a）で示されるパターンをエアリーパターンといい，回折光中心部の明るい範囲をエアリーディスク（Airy disk）と呼んでいる。

三つ目の例として，伝搬光の断面の振幅分布がガウス分布となるレーザ光（ガウスビーム）について，**図3.9**を参照して伝搬によるビーム径の広がりについて考えよう。

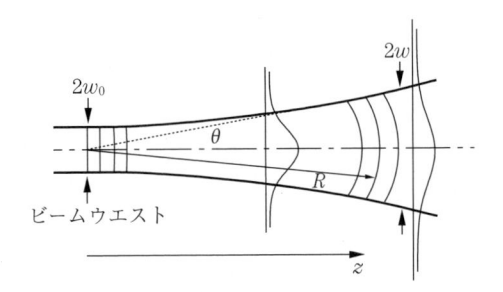

図3.9 ガウスビームの伝搬と回折

レーザにおける光の振幅分布がどのように求められるかについては，別の書籍に譲ることにして，ここではHe-Neレーザのようなガスレーザの TEM$_{00}$ モードと呼ばれる空間振幅分布（横分布）が，ビームが最も絞られた位置からある距離 z だけ伝搬した位置において

$$u(r) = \frac{1}{w(z)} \exp\left\{-\frac{r^2}{w^2(z)} - i\frac{k}{R(z)}r^2 - ikz\right\} \tag{3.35}$$

で与えられる場合を考える。$w(z)$，$R(z)$ はそれぞれ z の位置におけるレーザ光ビームの幅と波面の曲率半径であり

$$w^2(z) = w_0^2\left\{1 + \left(\frac{\lambda z}{\pi w_0^2}\right)^2\right\} \tag{3.36 a}$$

$$R(z) = z\left\{1 + \left(\frac{\pi w_0^2}{\lambda z}\right)^2\right\} \tag{3.36 b}$$

3.5 フラウンホーファー回折の例

である。ここでは，回折現象だけに注目しているため，式 (3.35) でいくつかの重要でない項は省略している。式 (3.35) で，右辺の指数関数の係数は，距離 z の伝搬によりビーム径が広がるため，振幅の大きさが z に依存して $1/w(z)$ となっていることを示している。右辺の指数項，第 1 項目はガウスビームの z の位置における分布を示している。

式 (3.36 a) からわかるように，距離 z の伝搬により $z=0$ に比べビーム径が大きくなることがわかる。第 2 項は z だけ伝搬したときの波面の曲率である。式 (3.36 b) からわかるように，波面の曲率は $z=0$ で無限大，すなわち平面波であるが，零でない z の距離において球面波となって伝搬していくことがわかる。第 3 項は，伝搬距離 z による線形位相である。w_0 はレーザビーム幅が最小となる位置 $z=0$ におけるビームの大きさを表す量であり，このビームの位置はビームウエストと呼ばれる。

式 (3.36 a) からわかるように，ビームが伝搬し z が大きくなるに従い，ビーム径も大きくなる。すなわち，ガウスビームは，伝搬により回折広がりを持つことになる。ガウスビームの伝搬による回折は，次のように考えることができる。ビームウエストにその幅 $2w_0$ に相当する開口があり，ビームが z だけ伝搬すると，その回折による広がりが式 (3.36 a) で与えられるというものである。フラウンホーファー条件と同じ $z \gg w_0^2/\lambda$ の条件が成り立つとすると，z におけるガウスビームの半径は，式 (3.36 a) から

$$w = \frac{1}{\pi}\frac{\lambda z}{w_0} \tag{3.37}$$

で与えられる。この式より，z だけ伝搬したビームは，w_0 と等価な大きさの開口から回折していることがわかる。ガウスレーザビームの広がりの係数は半値幅として $1/\pi$ であるが，式 (3.37) は，式 (3.31)，(3.34) などと同じ回折広がりを与えることがわかる。また，ガウスビームの広がり角度は

$$\theta = \frac{w}{z} = \frac{\lambda}{\pi w_0} \tag{3.38}$$

となる。

3. 光の伝搬と回折

最後の例として，周期的構造の振幅透過率を持つパターンからの光の回折について考えてみよう．代表的な例は，周期的に並んだ回折格子点からの遠視野における光の分布である．ここでは，説明簡略化のために図 3.10（a）に示すパターンとして，x 方向に並ぶストライプ状の周期パターンとして，光に対する振幅透過率が

$$u_Q(x) = 1 + m\cos\left(\frac{2\pi x}{p}\right) \tag{3.39}$$

となるものを考える．周期は p で，その画像のコントラストは m である．このパターンからの光の回折は

$$\begin{aligned}u_P(\nu_x) &= \int_Q u_Q(x)\exp(-i2\pi\nu_x x)\,dx \\ &= \delta(\nu_x) + \frac{m}{2}\left\{\delta\left(\nu_x+\frac{2\pi}{p}\right)+\delta\left(\nu_x-\frac{2\pi}{p}\right)\right\}\end{aligned} \tag{3.40}$$

となる．

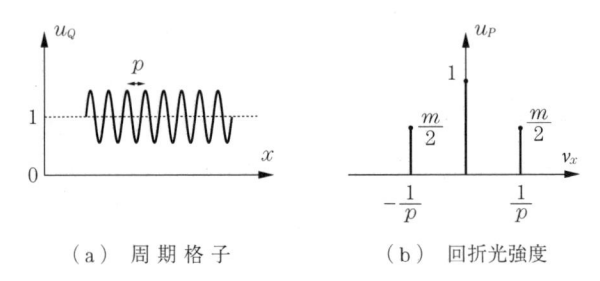

（a）周期格子 　　　　　（b）回折光強度

図 3.10　周期格子からのフラウンホーファー回折

この回折パターンとしては，図（b）に示すように，座標の中心にデルタ関数で表される 0 次の回折光と，その両サイドに 0 次光に対し対称な位置に $m/2$ の振幅の ±1 次光が生じることを示している．周期関数が cos の関数であるため，通常の回折格子からの光の回折パターンのように高次の回折光は発生しない．式（3.40）は，時間変化する信号でいうと，正弦波で表される時間信号は単一の周波数ピークを持つスペクトル（このとき負周波数は考慮しない）となるということと同様な結果である．

時間変化する信号座標においては，スペクトル座標というのは数学的な変換

面であり，時間軸と同等な軸上にスペクトル座標が存在するわけではない．しかし，空間パターンについては，入力のパターンの空間とその変換面であるフーリエ空間とが，実在座標での空間として存在することになる．

3.6 フレネルレンズ

　光の回折を使った光学素子の例としてフレネルレンズについて述べる．通常の可視光領域で使われるレンズとしては，可視光で透明なガラスによる光の屈折効果を用いる．これにより集光させるわけであるが，屈折という効果を用いずとも，例えば平面波が1点に集光するような素子であればレンズとしての役目を果たすことができる．通常のガラスなどのレンズ材料は，近赤外や可視光については光の伝搬に対して透明な材料である．一方，赤外や紫外において光に対して透明なレンズとして使える材料を探すことは容易ではない．このような場合，光の屈折以外の方法で機能的に光学ガラスレンズと同等に光の波面に対する変換ができる素子を作ることができれば，その波長帯におけるレンズとして役割を果たすことができる．ここでは，そのような役割を果たすフレネルレンズについて考えよう．屈折率レンズを用いた波面変換については，5章で詳しく述べるが，ここではレンズの波面変換の結果だけ先に述べておこう．レンズによる波面変換は，1次元で表して

$$t(x) = \exp\left(-i\frac{k}{2f_0}x^2\right) \qquad (3.41)$$

となる．f_0 はレンズの焦点距離である．2次元への拡張は容易であるが，ここでは説明簡略化のため1次元のみを考える．

　フレネルレンズの説明に入る前に，式（3.41）によりレンズが実現されることを示そう．振幅1で表される平面波が理想的なレンズに入射する場合を考える．このとき，無限大の開口の大きさを持ち，波面の変換が式（3.41）で表される開口からの光の回折を考えることになるが，この場合には光を観測する面は必ずしもフラウンホーファー条件を満たす距離ではなく，フレネル近似の範

囲で式を展開できるものとする。このとき，レンズによる回折パターンは

$$u_Q(\nu_x) = \int_{-\infty}^{\infty} t(x) \exp\left\{i\frac{k}{2z}(x-X)^2\right\} dx$$

$$= \exp\left(i\frac{k}{z}X^2\right)\int_{-\infty}^{\infty} \exp\left\{i\frac{\pi}{\lambda}\left(\frac{1}{z}-\frac{1}{f_0}\right)x^2 - i2\pi\nu_x x\right\} dx \quad (3.42)$$

となる。式（3.42）の積分は，$z=f_0$ の位置でデルタ関数となることが容易にわかる。すなわち，平面波はレンズにより1点に収束するという当然の結果が得られる。このことより，レンズがフーリエ変換の役割を果たしていることがわかる。

さて，式（3.41）からフレネルレンズを実現する方法について述べよう。レンズの波面変換式（3.41）を

$$\exp\left(i\frac{k}{2f_0}x^2\right) = \cos\left(\frac{\pi}{\lambda f_0}x^2\right) + i\sin\left(\frac{\pi}{\lambda f_0}x^2\right) \quad (3.43)$$

と展開する。式（3.43）を使ってフレネルレンズを実現する方法を考えるが，ここでは式（3.43）の実部のみを考えよう。この項は，**図3.11**（a）に示すようになる。波面の実部の連続的な振幅変化をさらに簡単化し，光に対する振幅透過率を図（b）に示すように（図中 sgn は符号関数を表す），cos 項の正の部分と負の部分とに分け二値化し，位相分布の情報のみを使うことを考えよう。そこで，透過率分布が

$$t(x) = \frac{1}{2} + \frac{1}{2}\mathrm{sgn}\left\{\cos\left(\frac{\pi}{\lambda f_0}x^2\right)\right\} \quad (3.44)$$

となるものを考える。

（a）　$\cos\left(\frac{\pi}{\lambda f_0}x^2\right)$

（b）　$t(x) = \frac{1}{2} + \frac{1}{2}\mathrm{sgn}\left\{\cos\left(\frac{\pi}{\lambda f_0}x^2\right)\right\}$

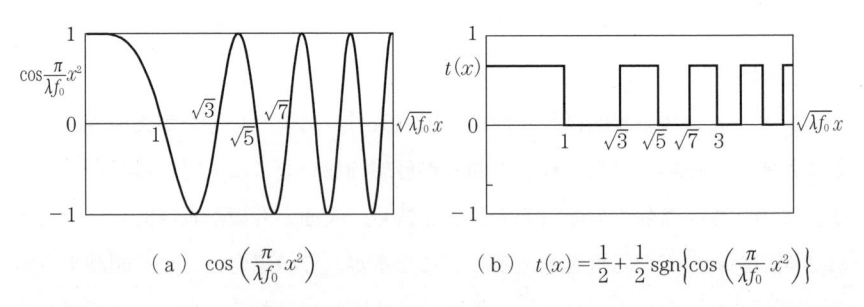

図3.11　フレネルレンズにおける近似

3.6 フレネルレンズ

式 (3.41) と比べると，式 (3.44) は実際のレンズを近似したものになっており，理想的なレンズそのものの式ではない。したがって，正確にはレンズとは言いがたいものである。しかし，可視光などのように簡単にガラスを用いたレンズが実現できない波長の領域や，レンズを作製することが難しい大きい口径，逆に微小な光学素子などの場合，ある範囲，用途においては十分にレンズの役割を果たすことができる。式 (3.44) の適応の限界を知っていれば，これをレンズとして使うことができる。式 (3.44) で表される光の透過率分布を持つ開口をフレネルレンズという。ξ を図 3.12 に示すように $\xi = 2x^2/\lambda f_0$ と変換し，式 (3.44) をフーリエ級数展開すると

$$t(\xi) = \sum_{n=-\infty}^{\infty} \frac{\sin\left(\frac{n\pi}{2}\right)}{n\pi} \exp\left(-i\frac{n\pi}{2}\xi\right) \tag{3.45}$$

が得られる。

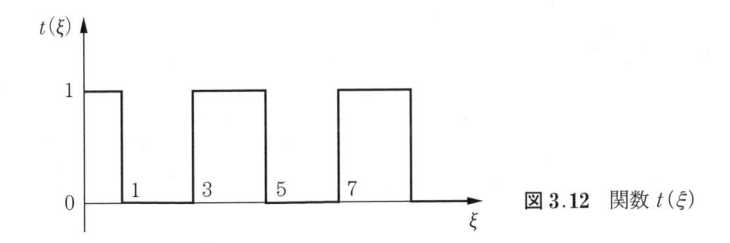

図 3.12 関数 $t(\xi)$

式 (3.45) をフレネル変換して，これがレンズになっていることを示そう。その結果は

$$u_Q(\nu_x) = \int_{-\infty}^{\infty} t(x) \exp\left\{i\frac{k}{2z}(x-X)^2\right\} dx$$

$$= \exp\left(i\frac{k}{2z}X^2\right) \sum_{n=-\infty}^{\infty} \frac{\sin\left(\frac{n\pi}{2}\right)}{n\pi} \int_{-\infty}^{\infty} \exp\left\{i\frac{\pi}{\lambda}\left(\frac{1}{z} - \frac{n}{f_0}\right)x^2 - i2\pi\nu_x x\right\} dx \tag{3.46}$$

で与えられる。この式は，式 (3.42) とほぼ同じ形をしているが，違いは n に関する級数和として表されていることである。

式 (3.46) で $n=1$ について考えてみると，これは式 (3.42) とまったく同

じである。したがって，この項は正しく焦点距離 f_0 のレンズの役割を表す項となっている。sin 項は n の奇数のみが零でない項となるため，$n=1$ の項以外に $n=3,5,7,\cdots$ となる項が存在する。これらの項は，本来の焦点距離である f_0 のレンズの役割以外に，フレネルレンズ面から $f_0/3, f_0/5, f_0/7, \cdots$ の位置に光が収束する点，すなわち焦点距離 f_0 から見ると疑似焦点が存在することになる。しかし，それらの点に収束する光の強度パワーは展開次数に対し $1/n^2$ で比例し，高次の焦点位置における光パワーとしては急速に減少していることがわかる。高次の焦点位置を通過した光は主焦点位置（$z=f_0$）においては十分に広がるため，この成分による光強度の影響は小さい。平面波がフレネルレンズにより収束光となるとき，主焦点における $n=1$ についての収束光ピークパワーに対して，その他の焦点位置に収束する光の光パワーはおよそ 1/10 以下程度となるため，フレネルレンズは第 1 次近似として焦点距離 f_0 のレンズと見なすことができる。

また，焦点距離 f_0 は式（3.44）に従って定義されたものであるため，波長に依存して焦点距離が変わることにも注意が必要である。フレネルレンズは，最初にも述べたように，光を通す部分を周期的に作り，しかも光を通すか通さないかだけでよいため，形状が大きいあるいは小さいなどのため技術的に作ることが難しい場合や，安価にレンズの代わりをさせるためなど，さまざまな応用において用いられている。身近な例では，光ディスクなどの情報機器用の光源である半導体レーザのヘッド部分にフレネルレンズを付け，回折によるマルチビームを発生させ，音声や映像信号再生のためのトラッキング信号など，光ピックアップレンズとして用いられている。また，X 線領域においては適当なレンズ材料を手に入れることが難しいため，フレネルレンズがしばしば用いられる。

式（3.44）のフレネルゾーンプレートは，**図 3.13**（a）のような光を通す部分（白い部分）と光を遮へいする部分（黒い部分）の輪帯模様のパターンである。図（a）では，その一部分だけを示しているが，実際には間隔が次第に詰まった輪帯が限りなく重ねられるパターンである。この輪帯は式（3.44）に

3.6 フレネルレンズ

（a）フレネルゾーン
プレート

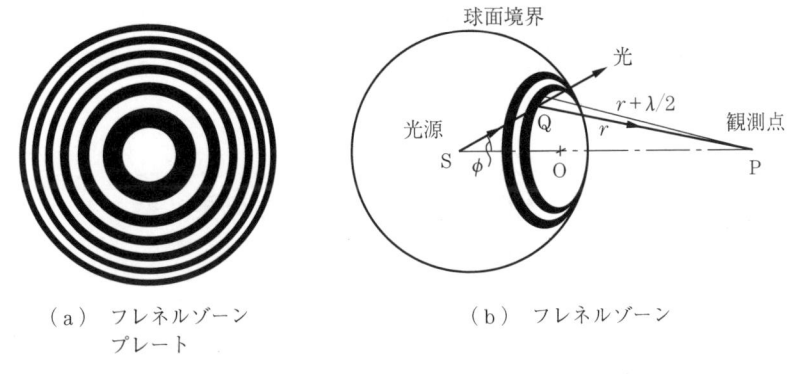

（b）フレネルゾーン

図3.13　フレネルレンズ

おいて x を動径方向 r におき換えて描画したものにほかならない。一方，フレネル輪帯の意味は次のように考えることができる。図（b）において，点光源 S から出た光が点 S を中心とするある球面境界を通し，観測点 P に至る場合について考えよう。

点 S から点 P に至る最短距離の光は，球面上の点 O を通過し点 P に至る光線である。しかし，ホイヘンスの原理によれば，球面上の各点からも 2 次点光源による回折波が発生する。例えば球面上の点 Q から点 P への回折を考えてみよう。点 S を出た光は，点 O を通り最短距離で点 P に至る。一方，点 Q からの光は，その場所で回折し，点 P へ至る。S→O→P の光路に対し，S→Q→P の光路が波長の整数倍だけ違っているとしよう。このとき，この二つの光波は干渉し振幅は大きくなる。この点 Q を通り点 S を中心とする同心円を図（b）に示すように描いてみよう。

次に，球面上で点 Q から少し離れた点で S→Q→P の光路に比べ $\lambda/2$ だけ異なる光路を持つ同心円を描く。この二つの同心円に囲まれた部分からの光を遮へいする。次の $\lambda/2$ の部分の同心円からの光は透過させる。この作業を次々に繰り返すと，点 P に集まる光は同相の光の重ね合わせとなり，最終的に点 S からの光が点 P に集まることになる。いわゆるレンズ効果である。

この明暗の輪帯を点 O を通り SP の光軸に垂直な平面に投影すると，これは図（a）に示したフレネルの輪帯模様になっている。このように，フレネル

ゾーンプレートは，点光源からの光を同相として回折させる役割をさせる開口になっており，ガラスの屈折率レンズに対し，回折を使ったレンズであることがわかる。

◆ 3.7 光の回折によるタルボ効果 ◆

ここでは，もう一つのフレネル回折として，周期的光透過率を持つ開口からの回折パターンについて考えてみよう。周期的物体によるフレネル回折により周期的なパターンが生成される。これはタルボ（Talbot）効果と呼ばれ，フォトニクス計測やフォトニクス情報処理において大変有用な現象である。例えば，周期的な回折光学素子によって作られる点光源アレイなどは，フォトニクス計測やフォトニクス情報処理においてしばしば用いられる。周期構造を持つ開口として，下記のような1次元光透過物体を考える。

$$t(x) = 1 + m\cos\left(2\pi\frac{x}{p}\right) \tag{3.47}$$

ここで，m は周期構造の変調度，p は周期である。この開口に対するフレネル回折光の振幅は，式（3.25）と等価な積分

$$g(X) = \int_{-\infty}^{\infty} t(x)h(X-x)\,dx = t(X) * h(X) \tag{3.48}$$

で書き表される。ここで，$h(X-x)$ は

$$h(x) = \frac{1}{i\lambda z}\exp\left(i\frac{k}{z}x^2\right) \tag{3.49}$$

である。回折距離を z とした。式（3.48）をそのまま計算して，解析的な解を得るのは容易ではない。

ここでは，式（3.48）をいったんフーリエ変換して，その計算結果を逆フーリエ変換することにより，解析解を求める方法を示そう。式（3.49）のフーリエ変換は，5章のレンズによるフーリエ変換でも述べるように，解析的に与えられ

$$H(\nu_x) = \exp(-i\pi\lambda z \nu_x^2) \tag{3.50}$$

3.7 光の回折によるタルボ効果

と計算できる.一方,開口のフーリエ変換は

$$T(\nu_x) = \delta(\nu_x) + \frac{m}{2}\delta\left(\nu_x - \frac{1}{p}\right) + \frac{m}{2}\delta\left(\nu_x + \frac{1}{p}\right) \tag{3.51}$$

となる.式 (3.51) はある特定の値のみで零でない値となるため,そのときの $H(\nu_x)$ の値を求めると

$$H(0) = 1 \tag{3.52 a}$$

$$H\left(\pm\frac{1}{p}\right) = \exp\left(-i\frac{\pi\lambda z}{p^2}\right) \tag{3.52 b}$$

である.したがって,T と H の積を求めることにより

$$G(\nu_x) = \mathrm{FT}[g(x)] = \delta(\nu_x) + \frac{m}{2}e^{-i\frac{\pi\lambda z}{p^2}}\delta\left(\nu_x - \frac{1}{p}\right) + \frac{m}{2}e^{-i\frac{\pi\lambda z}{p^2}}\delta\left(\nu_x + \frac{1}{p}\right) \tag{3.53}$$

が得られる.これを逆フーリエ変換すると,求めたいフレネル伝搬の回折光分布は

$$g(X) = 1 + m\exp\left(-i\frac{\pi\lambda z}{p^2}\right)\cos\left(2\pi\frac{X}{p}\right) \tag{3.54}$$

と計算される.観測される光強度分布は,式 (3.54) の絶対値の 2 乗から

$$I(X) = |g(X)|^2 = \frac{1}{2}\left\{1 + 2m\cos\left(\frac{\pi\lambda z}{p^2}\right)\cos\left(2\pi\frac{X}{p}\right) + m^2\cos\left(2\pi\frac{X}{p}\right)\right\} \tag{3.55}$$

となる.これが,周期的構造を持つ開口からのフレネル回折パターンである.

以下では,光の伝搬距離 z について,特別な場合の回折パターンをいくつか示そう.回折光強度分布は,観測面の距離が変わると,式 (3.55) の cos 項が変化するため,特定の値 z について特徴的なパターンを示す.最初の例として,z がある整数 l について

$$\frac{\pi\lambda z}{p^2} = 2l\pi \quad \text{あるいは} \quad z = \frac{2lp^2}{\lambda} \tag{3.56}$$

を満たすとき,フレネル回折光強度分布は

$$I(X) = \frac{1}{2}\left\{1 + m\cos\left(2\pi\frac{X}{p}\right)\right\}^2 \tag{3.57}$$

となる。これは，式 (3.47) の完全な像強度分布である。レンズなどを使うことなく，z に関して周期的に元の開口の完全な像が再生できている。この像はタルボ・イメージと呼ばれている。

次の例として

$$z = \frac{(2l+1)p^2}{\lambda} \tag{3.58}$$

を考えよう。このとき，光強度分布は

$$I(X) = \frac{1}{2}\left\{1 - m\cos\left(2\pi\frac{X}{p}\right)\right\}^2 \tag{3.59}$$

で与えられる。この式では m の符号が反転，すなわち周期関数のコントラストが反転しているが，半周期だけずれた式 (3.47) の完全な像である。この像もタルボ・イメージと呼ばれる。

最後に

$$z = \frac{\left(l - \frac{1}{2}\right)p^2}{\lambda} \tag{3.60}$$

の条件について考えてみよう。このとき，光強度分布は

$$I(X) = \frac{1}{2}\left\{1 + m^2\cos^2\left(2\pi\frac{X}{p}\right)\right\} = \frac{1}{2}\left\{\left(1 + \frac{m^2}{2}\right) + \frac{m^2}{2}\cos\left(4\pi\frac{X}{p}\right)\right\} \tag{3.61}$$

となる。これは，直流成分と周期構造の変調度の関係においては元のパターンとは異なるが，やはり周期的な再生像である。しかし，その周期は元のパターンの2倍となっている。このような像はタルボ・サブイメージと呼ばれる。cos 項の前の変調部分が m^2 であるため，$m \ll 1$ に対しては元のパターンに比べてもコントラストのかなり低下したパターンとなる。以上のことについて，周期格子とタルボ・イメージとの位置関係を図 3.14 に示した。このように，周期的開口からのフレネル回折は，周期パターンを投影像として作るのにも役立っている。

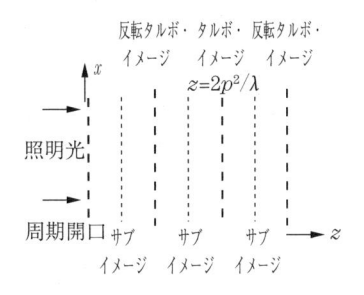

```
           周期開口    フレネル回折面              反転タルボ・タルボ・反転タルボ・
                                              イメージ イメージ イメージ
                                                      $z=2p^2/\lambda$
                                          照明光

                                          周期開口  サブ    サブ    サブ
                                                イメージ イメージ イメージ

    （a） タルボ回折光学系              （b） 回折パターン
```

図 3.14 タルボ効果

演 習 問 題

3.1 マクスウェルの方程式（3.1）〜（3.3）およびベクトル公式を用いて，式（3.5）が導かれることを示せ。

3.2 x 方向に幅 a, y 方向に幅 b の同じスリットが，x 方向に間隔 d（$d>a$）を隔てて置かれている。このダブルスリットからのフラウンホーファー回折を計算せよ。

3.3 周期 d で

$$T(x) = \sum_{n=-\infty}^{\infty} a_n \exp\left(-i\frac{2\pi n}{d}x\right)$$

と表される格子があるとき，格子の n 次の回折効率 $\eta_n = |a_n|^2$ を計算せよ。ただし

$$a_n = \frac{1}{d}\int_{-d/2}^{d/2} T(x)\exp\left(-i\frac{2\pi n}{d}x\right)dx$$

であるとする。

3.4 式（2.29）を参照して，式（3.45）を導け。ただし，式（3.45）では矩形パルス波は 0 または 1 の値であり，矩形パルス波が半周期だけ式（2.29）からずれていることに注意せよ。

3.5 式（3.54）を導け。

4 光のコヒーレンス

　光の持つ性質の一つである可干渉性は，光を情報として伝達しようとするときに，大きな役割を果たすことになる。例えば，クリアな画像を得るためにレーザ顕微鏡というものが使われている。一方で，従来の白色光照明の光学顕微鏡も相変わらず使われている。それには，それぞれの分解能に絡む理由がある。コヒーレント照明，インコヒーレント照明には，それぞれの目的に応じた使い道があるためである。それについては，実際には6章で学ぶことにして，ここでは光の干渉性というものが，元々の光源そのものの性質ではなく，光源からの光が伝搬することによって獲得される性質であることを示そう。そして，空間コヒーレンスと時間コヒーレンスの概念を導入し，これらがどのように使われるのか，例をあげて示す。

◆ 4.1 ヤングの干渉実験とコヒーレンスの意味 ◆

　光と同じ電磁波でもマイクロ波などでは，特殊な状況下以外において，これから述べるコヒーレンス（coherence）の概念を考える必要はあまりない。電波は通常特別なことをしなくても，容易に異なる波源どうしであっても干渉が起こるからである。それに対し，光の領域では，干渉を起こさせるためには，光源に特殊な工夫が必要になる。また，干渉性がよいと思われる光源においても，その光源からの光を二つに分けその二つを重ね合わせても，二つの光の位相差（二つの光が干渉に要する時間遅れ）が大きくなると，一般に干渉性は失われていく。この理由は，光領域の電磁波はマイクロ波などに比べ周波数がきわめて高く，量子効果が大きく効いてくるからである。

　コヒーレンスは日本語では干渉性とも訳されるが，これは必ずしも適当な訳語とはいえないかもしれない。以下では，ヤングの干渉実験を例にとって，光

4.1 ヤングの干渉実験とコヒーレンスの意味

の干渉性とコヒーレンスについて考えてみよう。

光は波であることを証明したヤングの干渉実験について，最初にその原理を復習しておこう．図 4.1 のヤングの干渉実験に示すように，ダブルスリット（スリット間隔 a）を照明する光源として熱光源を使い，その直後に細いスリットを置き，ここからの光を新しい等価的点光源とする．さらに，ある特定の色のみを通過させることのできる色フィルタを使い準単色光とする．これが，干渉度を向上させるためのおまじないである．この実験のポイントは，熱光源からでも干渉性のよい光の場を作り出せるという点にあった．すなわち，点光源，単色光というのが，光の干渉を明確に示すための条件，いい方を変えればコヒーレント（coherent）な光源を作り出すための条件だったというわけである．最初に述べたように，光のコヒーレンスというのは，元々の光源そのものが持つ性質ではなく，光源とその光を伝搬させるシステムすべてを含む境界条件によって決定される観測場における光の性質ということができる．

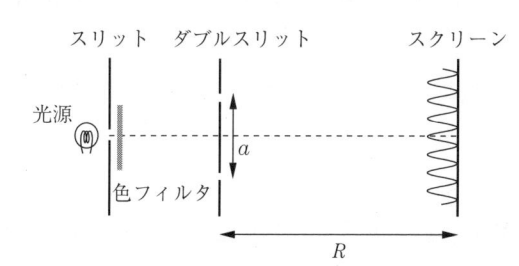

図 4.1 ヤングの干渉実験

コヒーレンスの意味を理解するために，逆にヤングの干渉実験において，ダブルスリットを照明する光が点光源ではなくなったとき，あるいは単色光ではなくなったときについて，スクリーン上（ダブルスリットからの距離 R）に生じる干渉じまがどのようになるかを調べてみよう．最初は，熱光源の直後に置かれた点光源を作るためのスリットが十分に細くはなく，その有限な幅を考えなければならない場合，すなわち点光源ではなく，光の波長に比べその幅が十分広くなった光源である場合について調べてみる．ただし，光源は単色光であるとする．

図 4.2（a）に示すように，広がったスリット光源の中の 2 点 S と S' からの

4. 光のコヒーレンス

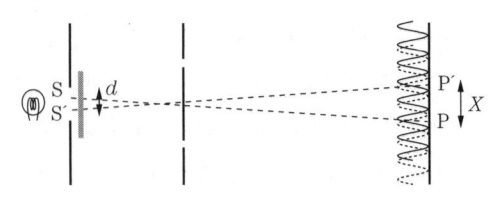

(a) 空間的に広がった光源からの干渉

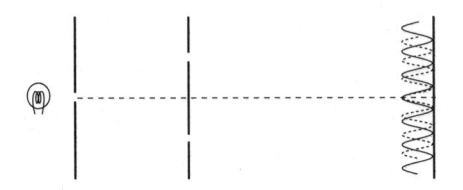

(b) スペクトル幅が広がった光源からの干渉

図 4.2 コヒーレンスの意味

光の干渉について考える。

点 S から出た光で，ダブルスリットを通過しスクリーン上の二つの光路が等距離となる点を P とする。一方，点 S′ からの光で同様に光路が等距離となる点を P′ とする。点 S と S′ の距離 d に対応するスクリーン上の点 P と P′ の距離を X とすると，点 S と S′ からの光がスクリーン上で重ね合わされることになる。熱光源からの光であるから，点 S と S′ の光は干渉せず，全光量はそれぞれの光強度の単純な重ね合わせとなる。干渉による光強度は $\cos^2$ で書くことができるので，それぞれの点からの光量は等しいとして，重ね合わせ光強度は

$$I = A\cos^2\left\{\pi\frac{a}{\lambda R}\left(x - \frac{X}{2}\right)\right\} + A\cos^2\left\{\pi\frac{a}{\lambda R}\left(x + \frac{X}{2}\right)\right\} \tag{4.1}$$

のように書ける。ただし，A は各光源の光強度である。

実際には，点 S から S′ まで間には光源が隙間なくつまっているので，式 (4.1) を拡張しこの範囲での積分として，全光量を次式のように計算することができる。この結果，全光強度として

$$I(x) = A\int_{-b/2}^{b/2}\cos^2\left\{\pi\frac{a}{\lambda R}(x - X)\right\}dX \tag{4.2}$$

が得られる。ここで，光源の広がりに対応するスクリーン上での X の広がり幅を b とした。広がった光源により生じる干渉じま強度 $I(x)$ は容易に計算することができ

$$I(x) = \frac{bA}{2}\left\{1 + \frac{\sin\left(\pi\dfrac{ab}{\lambda R}\right)}{\pi\dfrac{ab}{\lambda R}}\cos\left(2\pi\dfrac{a}{\lambda R}x\right)\right\} \qquad (4.3)$$

が得られる。この式の意味するところは，光源のスリット幅が広がるにつれ，各光源からの干渉じまが光強度として重ね合わさって，スクリーン上でずれて重なることになることを示している。したがって，結果的にその分だけ干渉じまのコントラストが低下するということを意味している。その低下する割合が b に依存した cos 項の前に掛かる項である。この場合，スリット上の各 2 次点光源によってできる干渉じま間隔は同じ $\lambda R/a$ である。

　式（4.3）の cos 項の前に掛かる係数は，干渉じまの可視度（以下コントラストという）を表し，後でわかるようにコヒーレンス関数から求められるコヒーレンス度に等しい。このコントラストは，干渉じまの最大値を $I_{\max}$，最小値を $I_{\min}$ として

$$V = \frac{I_{\max} - I_{\min}}{I_{\max} + I_{\min}} = \left|\frac{\sin\left(\pi\dfrac{ab}{\lambda R}\right)}{\pi\dfrac{ab}{\lambda R}}\right| \qquad (4.4)$$

となる。図 4.3 は式（4.4）の計算例である。この図からもわかるように，光源の幅 b が広くなるに従い，干渉じまがぼやけてコントラストが低下していく

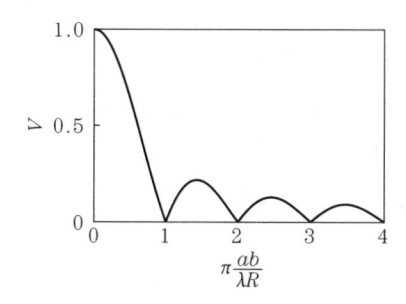

図 4.3　干渉じまの可視度

ことがわかる。しかし，一様に低下するのではなく，光源の広がり幅 b に依存しておおむね減衰するわけであるが，振動しながらコントラストが低下することがわかる。$b \to 0$ の極限ではこの係数は1となるため，もちろん点光源の場合と同じ干渉じま強度になっている。これらの意味するところはすなわち，干渉性のよい光源を作るための条件としては，光源の幅を狭くした点光源とする必要があるということであり，広がった光源からの光は，干渉性すなわちコヒーレンスの低下したものとなるということである。このように，光源側に置かれたスリットは光の空間的なコヒーレンスを制御するものであり，スリットの広がりによって制御されるコヒーレンスのことを空間コヒーレンスと呼んでいる。

一方，光源の直後に置かれたスリットは点光源と見なせるほど狭いが，色フィルタのスペクトル幅が広がっている場合には，干渉じまはどのようになるであろうか。いま，色フィルタが広がった通過帯域幅を持つものとして，図4.2（b）に示すように，通過帯域の色のうちの二つについて考えてみよう。ここでは，波長 λ の代わりに周波数 ν を用いて考えよう。二つの光の色の周波数を ν_0 と $\nu_0+\nu$ とすると，この二つの光は異なる原子からの発光であるため干渉しないので，スクリーン上の干渉じま強度は

$$I = A\cos^2\left(\pi\frac{a\nu_0}{cR}x\right) + A\cos^2\left\{\pi\frac{a}{cR}(\nu_0+\nu)x\right\} \tag{4.5}$$

のように書ける。色フィルタのスペクトル透過帯域は連続的であり $\Delta\nu$ の幅を持つものとすると，式（4.5）を拡張してダブルスリットによるスクリーン上の干渉じま強度は

$$\begin{aligned}I(x) &= A\int_{-\Delta\nu/2}^{\Delta\nu/2} \cos^2\left\{\pi\frac{a}{cR}(\nu_0+\nu)x\right\}d\nu \\ &= \frac{A\Delta\nu}{2}\left\{1+\frac{\sin\left(\pi\frac{a\Delta\nu}{cR}x\right)}{\pi\frac{a\Delta\nu}{cR}x}\cos\left(2\pi\frac{a\nu_0}{cR}x\right)\right\}\end{aligned} \tag{4.6}$$

と計算できる。

したがって，スペクトル広がりを持つ光源のコントラストは

$$V = \left| \frac{\sin\left(\pi \dfrac{a\Delta\nu}{cR}x\right)}{\pi \dfrac{a\Delta\nu}{cR}x} \right| \quad (4.7)$$

となる．式（4.7）は，ある固定の x 点について $\Delta\nu$ のみの変数と考えるとすれば，関数形としては図 4.3 と同じになる．この式で，$\Delta\nu \to 0$ とすると，点光源，単色光の場合の干渉じま強度になることはいうまでもない．式（4.6）は，式（4.3）と似ているが，異なる点は，コヒーレンスを制御するスペクトル幅に依存して干渉じまの干渉度が低下するだけでなく，観測位置にも依存して，同時にコントラストが徐々に低下していく点である．これは次のように理解される．すなわち，干渉じまの明暗の間隔はスクリーン上で $\lambda R/a$ であり，色違いの干渉じまのピッチは光の波長に依存するため，干渉じまの明暗のずれ量がスクリーン上の座標 x に比例して大きくなる．このため，広がったスペクトル幅の光源からの干渉じまは，位置 x に依存してコントラストが低下することになる．このように，色フィルタは，スペクトルのコヒーレンスを制御していることがわかる．

周波数スペクトルは時間とフーリエ変換の関係で結び付けられ，スペクトル幅は等価的に光源のコヒーレンス長（コヒーレンス時間）でもあるため，色フィルタによるコヒーレンス制御は，時間コヒーレンスの制御と呼ばれる．

すでに述べたように，光のコヒーレンスとは，光源そのものの性質というよりは，観測場における光の場の相関というものである．例えば，星（恒星）は熱光源であり，レーザ光源などとは異なりそれ自体の発光では干渉性は低い．しかし，地上で見る星は点光源と見なせるほど遠くからやってくる光であり，通常の望遠鏡で見てもごく一部の恒星以外は光源の広がりを考える必要はない．そのため，地上で狭帯域の色フィルタを通して見ると干渉性の高い等価的光源として考えることができる．実際，ダブルスリットを通して星の光からの干渉じまを観察することができる．また，ごく少数の恒星であるが，広がった光源（空間コヒーレンスが低下した光源）として考えられる場合には，ここで述べた原理を使うと，恒星の視直径を測ることが可能になる．このような方法

は天体マイケルソン干渉計として，実際に天体観測で用いられている。

◆ 4.2 解析的信号 ◆

通常のランダムな振る舞いをする物理変数（解析的信号という）は，時間平均を計算するときの初期時間の取り方に依存しないエルゴード（ergodic）仮定が成り立つ。エルゴード仮定とは，その信号のどの部分を切り出してきても，その長さが十分に長く同じ時間間隔のサンプルであれば，信号の統計的性質が変わらないという意味である。したがって，このような信号では時間平均と集合平均（ensemble average）が等しくなる。光の振幅はいわゆる解析的信号である。ここでは，光のコヒーレンスを取り扱う前に，解析的信号とエルゴード仮定について簡単に述べる。

ここでは，時間変化する光について考えよう。光の調和的振動は，その振幅 $E_0^{(r)}$，周波数 ν を使い，実関数として

$$E^{(r)}(t) = E_0^{(r)} \cos(2\pi\nu t) \tag{4.8}$$

と表すことができた。一方，フェザー表示として

$$E(t) = E_0 \exp(-i2\pi\nu t) \tag{4.9}$$

という量を考え，この実部が光の振幅を表すものとして，さまざまな光の場の計算を簡略化する方法がしばしば使われている。式 (4.8) の振幅 $E_0^{(r)}$ と式 (4.9) の振幅 E_0 の間には $E_0^{(r)} = \sqrt{2} E_0$ の関係がある。このことは，それぞれの式の時間平均から容易に導かれる。式 (4.9) で表される $E(t)$ は，解析的信号（analytical signal）と呼ばれる。さらに，一般的に多くのスペクトル成分を含む光の波動場は，フーリエ成分の形として

$$E^{(r)}(t) = \int_{-\infty}^{\infty} g(\nu) \exp(-i2\pi\nu t) \, d\nu \tag{4.10}$$

と表すことができる。これに対する解析的関数は

$$E(t) = \int_{0}^{\infty} g(\nu) \exp(-i2\pi\nu t) \, d\nu \tag{4.11}$$

と表現できる。$E^{(r)}(t)$ は実数であり $g^*(\nu)=g(-\nu)$ の関係があるため，関数 $g(\nu)$ については周波数の情報としては，$\nu \geq 0$ のみの成分が意味を持つ。したがって，一般的光源からの光の解析的信号は，式（4.11）のように表現できる。実際には $E^{(r)}(t)$，$E(t)$，$g(\nu)$ は位置の関数でもあるが，ここでは空間座標依存性はないものとして関数形の位置座標は省略した。式（4.11）は複素数となるが，その実部と虚部は独立ではなく，たがいに片方がわかればもう一方はそれから導くことができる。実際，式（4.11）は，実部と虚部に分けて

$$E(t)=\frac{1}{2}\{E^{(r)}(t)+iE^{(i)}(t)\} \tag{4.12}$$

とおくことができ，$E^{(r)}(t)$ と $E^{(i)}(t)$ との間は次のヒルベルト（Hilbert）変換の関係によりたがいに求めることができる。

$$E^{(r)}(t)=-\frac{P}{\pi}\int_{-\infty}^{\infty}\frac{E^{(i)}(t')}{t'-t}dt' \tag{4.13 a}$$

$$E^{(i)}(t)=\frac{P}{\pi}\int_{-\infty}^{\infty}\frac{E^{(r)}(t')}{t'-t}dt' \tag{4.13 b}$$

ただし，P は $t=t'$ における積分のコーシーの主値（Cauchy principal value）である。

もう一つ解析的信号に対して多くの場合仮定できる有用な性質について述べておこう。光は時間的に非常に速く振動しており，われわれが通常観測できるのは光の速い振動のある時間幅にわたっての平均である。したがって，ここである物理量 $f(t)$ に対しての時間平均値を次式のように定義しておこう。

$$\langle f(t)\rangle=\lim_{T\to\infty}\frac{1}{2T}\int_{-T}^{T}f(t)\,dt \tag{4.14}$$

光のコヒーレンス理論では，時間平均値と集合平均値の両者がしばしば重要になる。時間平均値と集合平均値は物理的には異なる内容であるが，過渡的な現象を除き，定常的な信号に対してはその両者は等価と見なすことができる。このことは，白色雑音のような信号を思い浮かべればよい。すなわち，時間平均を計算するのに，どの時刻を原点とするかによらず，その信号の性質は金太郎飴のように変わらないという仮定である。このような仮定はエルゴード性と呼

ばれ，光のコヒーレンス理論においてもしばしば使われるものである．したがって，以下では $\langle f(t) \rangle$ のように書いたときには，特に断らない限り時間平均と集合平均は等しく，その両者の入れ替えができる記述になっているものとする．2章の相関関数と同様に，いちいち極限をとった形で表すのは煩雑なので，平均値を $\int_{-\infty}^{\infty} f(t)\,dt$ のように簡略化して表す．また簡単のため，以下では誤解がない場合には，時間平均した量を平均の括弧をとって単に $f(t)$ と表すこともある．

4.3 コヒーレンス関数

　光源からの光の干渉性の強弱は，前節からもわかるように，光の伝搬に依存したものである．本節で議論するコヒーレンスは，二つの光の場の可干渉性の度合いを表すものであり，ある時刻における空間の2点から伝搬してくる光の場の相関として表される．図 4.4 に示すように，ある光源 P_1, P_2（2次光源かもしれない）からの光がそれぞれ r_1, r_2 の距離伝搬して，ある点 P において重なり合う場合について考えよう．コヒーレンス関数を，点 P における一般的な解析的信号である光の場 $A(P, t)$ を使って

$$\Gamma(P_1, P_2; t_1, t_2) = \langle A_1(P_1, t_1) A_2^*(P_2, t_2) \rangle \tag{4.15}$$

と定義してみよう．$A_1(P_1, t_1)$，$A_2(P_2, t_2)$ は，それぞれ空間上の点，時刻での複素振幅であり，一般にコヒーレンス関数 $\Gamma(P_1, P_2; t_1, t_3)$ も複素数である．$\langle \cdot \rangle$ は，すでに述べたように A を統計的かつ解析的関数であると考え，集合平均を表す．式 (4.15) の左辺で，いちいち変数を書くのは煩雑であるので，

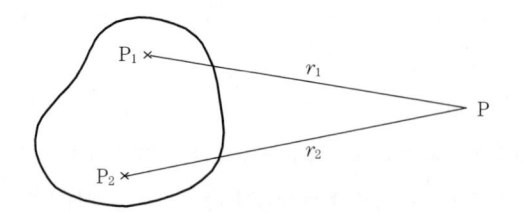

図 4.4　コヒーレンス関数の座標

これを Γ_{12} と簡略化して書くことにする.

式 (4.15) は,それぞれの電場振幅の大きさに比例し,電場振幅の大きさが変わると Γ の値も変わるため,式 (4.15) の絶対値についての議論だけでは光源の性質はわからない.実際,統計的に同じ性質のコヒーレンスを持つ光の場の場合には,関数として同じような指標になることが望ましい.そのため,式 (4.15) を規格化して

$$\gamma(P_1, P_2; t_1, t_2) = \frac{\langle A_1(P_1, t_1) A_2^*(P_2, t_2) \rangle}{\sqrt{\Gamma_{11}(P_1, t_1) \Gamma_{22}(P_2, t_2)}} \tag{4.16}$$

という規格化コヒーレンス関数 γ_{12} を定義するのが便利である.この規格化コヒーレンス関数は,干渉性について同じ性質の光に対しては,振幅の大きさにかかわらずいつも同じコヒーレンス関数 γ_{12} を与える.また,その絶対値である規格化コヒーレンス度は,つねに $|\gamma_{12}| \leq 1$ を満たす.

A_1, A_2 の位相を ϕ_1, ϕ_2 で表すと,平均をとる時間内で振幅が一定と見なせ,位相の時間変化のみが問題となる場合,式 (4.15) で定義されるコヒーレンス関数は

$$\Gamma(P_1, P_2; t_1, t_2) = |A_{01} A_{02}^*| \langle \exp[-i\{\phi_1(P_1, t_1) - \phi_2(P_2, t_2)\}] \rangle \tag{4.17}$$

のように書ける.右辺の平均値は,たがいの光の場の位相の関係がつねに一定となるとき,すなわち場の相関が十分に強いときには 1 となる.これは,いわゆる二つの場が完全に強い相関を持ったコヒーレントな場合にあたり,そのとき規格化コヒーレンス度は $|\gamma_{12}| \leq 1$ となる.

一方,熱光源から放射された光のように異なる時間,場所で二つの場に相関がない場合には,$\langle \exp\{-i(\phi_1 - \phi_2)\} \rangle = \delta_{12}$ (δ_{12} はクロネッカーのデルタであり,添え字 1 と 2 が一致する場合にはその値は 1,一致しないときには 0 である) となる.同じ時刻,同じ場所以外では規格化コヒーレンス度は $|\gamma_{12}| = 0$ となり,このような光の状態はインコヒーレント (incoherent) であると呼ばれる.

レーザでは,規格化コヒーレンス度は 1 に近いが,完全に 1 とはならない.完全なコヒーレント状態,あるいはインコヒーレント状態というのは理想的な

場合であり，一般の光の規格化コヒーレンス度は0と1の間の値をとる。光のコヒーレンスとは，光源そのものの性質をいうのではなく，これまでに見たように，光が伝搬した場の相関である。したがって，光源を出た直後にはインコヒーレントな光であっても，その伝搬によりコヒーレンスが増大することもある。また，先に述べた解析的信号で定義される物理量の場合，その統計において二つの座標，時間の絶対的値ではなく，その差が重要となる。このような場合には

$$\Gamma(P_1, P_2; t_1, t_2) = \Gamma(P_1 - P_2; t_1 - t_2) \tag{4.18}$$

のように書くことができる。この系は，2.4節で述べたように光のコヒーレンスについて移動不変（shift invariant）と呼ばれる。

◆ 4.4 空間コヒーレンス ◆

次に，ヤングの干渉実験に基づいて，光のコヒーレンス関数を導入しよう。図4.1に示したヤングの干渉実験系を使い，あらためてスクリーン上で重ね合う二つの光波の複素振幅を

$$E_1(t) = E_{01}(t) \exp\{i(kr_1 - 2\pi\nu t)\} \tag{4.19a}$$
$$E_2(t) = E_{02}(t) \exp\{i(kr_2 - 2\pi\nu t)\} \tag{4.19b}$$

のように書く。振幅はいずれも空間座標に依存しているが，ここではそれを暗に含むものとする。ここで，r_1, r_2 は二つのスリットからスクリーン上の1点までの距離であり，時間的変化は調和的であると仮定している。しかし，振幅は完全に調和的ではなく，E_{01}, E_{02} の振幅は光周波数 ν に比べゆっくりと変化する時間変化項を含むものとする。すなわち

$$E_{01}(t) = |E_{01}(t)| \exp\{-i\phi_1(t)\} \tag{4.20a}$$
$$E_{02}(t) = |E_{02}(t)| \exp\{-i\phi_2(t)\} \tag{4.20b}$$

と仮定する。式(4.19)，(4.20)の意味は，光はおおむね周波数 ν で振動しているが，周波数には揺らぎがあるため厳密な意味での単色光ではなく，その揺らぎ成分が式(4.20)のように記述できるということである。したがって，

光の複素電場は式(4.11)に表されるような解析的信号になっている。このとき，干渉じま強度は

$$I(t) = |E_{01}(t)|^2 + |E_{02}(t)|^2 + 2\text{Re}[E_{01}(t)E_{02}^*(t)\exp\{ik(r_1-r_2)\}] \tag{4.21}$$

と書ける。

さて，位相項 ϕ_1，ϕ_2 の時間依存性の発生起源であるが，レーザ光源であっても，通常の電球のような熱光源であっても，原子から放出される光の初期位相は定数ではなく，異なる原子間，同じ原子の場合であっても，位相が時間的にランダムに揺らぐことになる。典型的な揺らぎ時間は，熱光源などの場合，ナノ秒くらいの程度（10^{-8} 秒程度）である。したがって，干渉の式 (4.21) は瞬時の観測光強度を表すことになる。光を観測する時間が十分に長いと，実際に観測される光強度は式 (4.21) を時間平均したものとなる。すなわち，観測光強度は

$$\langle I(t) \rangle = \langle |E_{01}(t)|^2 \rangle + \langle |E_{02}(t)|^2 \rangle$$
$$+ 2\text{Re}[\langle E_{01}(t)E_{02}^*(t) \rangle \exp\{i2k(r_1-r_2)\}] \tag{4.22}$$

と書かれる。$E_{01}(t)$，$E_{02}(t)$ の振幅自体もゆっくり時間変化するが，それに付随する位相は指数関数として揺らぐため，その変化による影響が大きいことになる。したがって，式 (4.22) 中最後の項の時間平均値によって，干渉じま強度は大きな影響を受けることになる。

式 (4.22) の最後の項は，同じ時刻の異なる信号間（異なる空間）の相関関数の形をしている。この項は時間のみに依存する項としているが，すでに述べたように，一般的に二つの電場の相関は，異なる空間の2点と，異なる時間の2点の相関関数として拡張して考えることができる。このような電場の相関関数は，すでに述べたコヒーレンス関数である。式 (4.16) の規格化コヒーレンス度は一般に複素数となるから，$\gamma_{12} = |\gamma_{12}|\exp(-i\phi)$ とおいてみる。いま考える揺らぎは位相のみであるとし振幅は一定であるとすると，式 (4.22) は

$$\langle I \rangle = |E_{01}|^2 + |E_{02}|^2 + 2|E_{01}E_{02}^*|\cdot|\gamma_{12}|\cos[2k(r_1-r_2)+\phi] \tag{4.23}$$

と書ける。この干渉じまの可視度は，定義より

$$V = \frac{2|E_{01}E_{02}^*|}{|E_{01}|^2 + |E_{02}|^2}|\gamma_{12}| \tag{4.24}$$

となる。二つの光の振幅がたがいに等しい場合を考えると $V=|\gamma_{12}|$ となる。すなわち，規格化コヒーレンス度は，干渉じまの可視度，すなわちコントラストと等価であることがわかる。式 (4.22) は，時間と空間座標を含むが，図 4.4 からもわかるように，空間における光の速度を c とすると $t_1=r_1/c$, $t_2=r_2/c$ と書ける。また，観測点 P における光振幅の相関は，P_1, P_2 の空間座標における光の干渉性を特徴付ける相関関係を表している。したがって，ここで求めたコヒーレンス関数は，空間に関するコヒーレンス状態を定義していることにほかならない。

4.5 時間コヒーレンス

前節でのコヒーレンス関数は，空間座標と時間とで定義されていた。時間と周波数はフーリエ変換で結び付けることができるので，コヒーレンス関数を空間座標と周波数で定義することもできる。ここで，時間的な光の振幅 $E(P,t)$ と周波数 ν で表されるフーリエスペクトル関数 $g(P,\nu)$ とが対応するものとすると，両者の関係は

$$E(P,t) = \int_0^\infty g(P,\nu)\exp(-i2\pi\nu t)\,d\nu \tag{4.25}$$

のように書ける。この式を式 (4.15) に代入し，$P=P_1-P_2$, $t=t_1-t_2$ とすると

$$\Gamma(P,t) = \int_0^\infty \hat{\Gamma}(P,\nu)\exp(-i2\pi\nu t)\,d\nu \tag{4.26}$$

が得られる。したがって，周波数に関するコヒーレンス関数

$$\hat{\Gamma}(P,\nu) = \langle g_1(P_1,\nu_1)g_2^*(P_2,\nu_2)\rangle \tag{4.27}$$

が定義される。規格化周波数コヒーレンス度についても，時間に関する場合と同様に定義される。式 (4.27) は，周波数あるいは光の色に関するコヒーレンス関数であるが，周波数と時間とはフーリエ変化の関係で直接的に結ばれており，周波数軸上での周波数相関幅は，時間軸ではその光の典型的な相関時間を

表すことになる．したがって，式 (4.27) のコヒーレンス関数は時間コヒーレンスといわれる．

ここで，例として図 4.5（a）に示す光の規格化コヒーレンス関数が時間差とともに指数的に減衰する場合

$$\gamma(t) = \exp\left(-i2\pi\nu_0 t - \frac{|t|}{2\tau_0}\right) \tag{4.28}$$

を考えてみよう．ν_0 は光の振動周波数，τ_0 は減衰の時定数である．ただし，空間座標はここでは関係しないとして省略した．このような光に対して，周波数領域での規格化コヒーレンス関数は

$$\hat{\gamma}(\nu) = \frac{1}{\pi} \frac{\Delta\nu}{(\nu - \nu_0)^2 + \Delta\nu^2} \tag{4.29}$$

と計算され，図（b）に示すローレンツ分布関数のスペクトルとなることがわかる．ここで，スペクトル幅は $\Delta\nu = 1/(2\pi\tau_0)$ である．すなわち，光のスペクトル幅と振動の減衰時間との間には不確定性関係があり，$\Delta\nu\tau_0 = 1/2\pi$ となる．減衰時間が遅い光のスペクトルは単色に近いスペクトルの光であり，逆に減衰時間が速い場合には広がったスペクトルを持つ光源ということになる．また，減衰時間に光の速度 c を掛けたもの $l = c\tau_0$ は距離の次元を持つが，この距離 l はコヒーレンス長と呼ばれる．例えば，マイケルソン干渉計を用いて，干渉計の片方の腕を固定し，他方を変化させるときに生じる干渉じまのコントラストを測定すると，その光源の可干渉距離，すなわちここで定義したコヒーレンス長を求めることができる．実用的なレーザ光では，特別な安定化をしない限

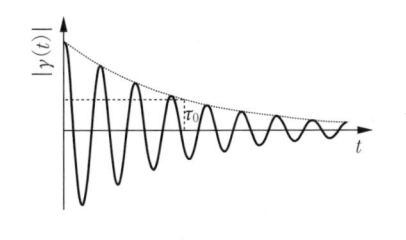

（a）時間信号 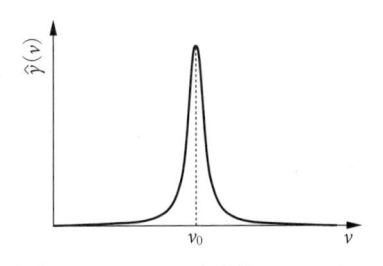　　　　　（b）ローレンツ分布関数のスペクトル

図 4.5　減衰振動とそのスペクトル

りスペクトル幅は kHz から GHz 程度であり，コヒーレンス長にすると，半導体レーザでは数十 cm から数十 m，ガスレーザなどでは数 km から数百 km 程度である。この干渉距離というのは，室内の光を使ったシステムとしては十分な干渉距離であるが，長距離光伝送においては考慮しなければならない距離である。また，光の干渉距離は，レーザといえども，マイクロ波などの電波に比べるとかなり短い。

◆ 4.6 フーリエ分光法 ◆

前節では，時間コヒーレンスについて説明し，減衰振動するある有限な周波数幅を持つ光は，ローレンツ分布関数となるスペクトルであることを見た。そこでは，スペクトル幅は十分に狭く，コヒーレント光に近いものとして考えた。しかし一般に，レーザのようにコヒーレンスの高い光と，熱光源のようなインコヒーレントな光源の間には，空間的にも時間的にも部分的コヒーレントと呼ばれる光が存在する。ここでは，干渉計の光源として，4.1節で見た単色光とするための色フィルタを取り去ったときの光源を考える。干渉計としては，**図 4.6** に示すようなマイケルソン干渉計としよう。元々熱光源のような場合には，光周波数フィルタを使い波長幅を限定して準単色光としても，干渉計の二つの腕の長さはほぼ等距離としておかなければ，コントラストの高い干渉じまを得ることはできない。したがって，干渉計を調整し，ほぼ等距離で干渉じまの計測を行う。この干渉計において，検出される干渉じま（インタフェログラ

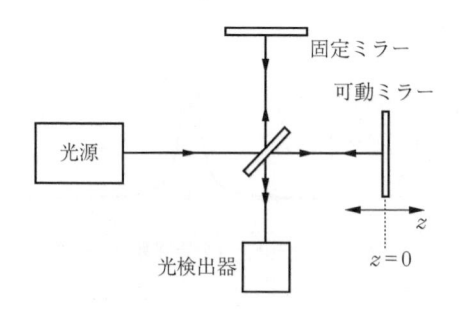

図 4.6 フーリエ分光測定（マイケルソン干渉計）

4.6 フーリエ分光法

ム)に対してフーリエ変換の方法を使い,広がった光源のスペクトル関数が測定できることを示そう。

図の干渉計で,光源のスペクトル分布関数を $S(k)$ (k は光の波数) とすると,k は唯一の値ではなくある幅を持つ変数となる。光源に対し,ある基準となる波数 k_0 について狭い範囲の波数 dk について考えよう。干渉計のそれぞれの腕からの光振幅の反射は簡単のため 1 とする。このとき,干渉計出力となるしま強度は

$$dI(k,z) = 2S(k)\{1+\cos(2kz)\}dk \tag{4.30}$$

と書くことができる。ここで,z は固定ミラーと可動ミラーの等距離からのずれ量である。固定ミラーと可動ミラーは,マイケルソン干渉計と同じでたがいに平面が完全に対応し,平行になっているものとする。実際には,k について波数の重み関数 $S(k)$ にわたる積分が観測される干渉じま(インタフェログラム)となる。すなわち

$$I(z) = 2\int_0^\infty S(k)\{1+\cos(2kz)\}dk \tag{4.31}$$

である。$z=0$ における干渉じまの直流成分を $I(0)$ とおくと,$I(z)$ は

$$I(z) = \frac{1}{2}I(0) + 2\int_0^\infty S(k)\cos(2kz)dk \tag{4.32}$$

と書ける。右辺第 2 項は,光源スペクトル $S(k)$ の k についてのコサイン変換(オイラーの公式を使えば,フーリエ変換と同じ意味になる)であるため,この部分の逆コサイン変換を行うことにより

$$S(k) = 2\int_0^\infty \left\{I(z) - \frac{I(0)}{2}\right\}\cos(2kz)dk \tag{4.33}$$

としてスペクトル分布関数を計算することができる。式 (4.32) は,図 4.5 (a) に示したような干渉じま,すなわちインタフェログラムであり,図 4.5 (a) の横軸は,このとき $z=ct$ (c は光速度) である。また,そのフーリエ変換として,式 (4.33) から図 4.5 (b) に示したような光源のスペクトルが得られる。この方法は,フーリエ分光と呼ばれ,効率のよい分光器を得にくい遠赤外における分子分光などにおいてよく用いられる。またこの分光器は

光の利用効率が高いため，回折分光器などが利用できる可視光の波長帯においても，特に微弱な光の分光などにおいて用いられる。この干渉計は光源のスペクトル幅が広い場合の干渉計および処理系であり，白色干渉計とも呼ばれる。

この干渉計では，式（4.31）からもわかるように，可動ミラーがあり，機械的な移動体があることになる。このことは，測定器とした場合，安定度の高い精密な制御が必要とされるため，装置を安価で安定に作製するのに難がある。そこで，可動部をなくし，安定にスペクトル測定を行う方法として，可動ミラーの代わりにある微小角 θ だけ傾けて静止した固定ミラーとする方法がある。このとき，干渉じまを検出するスクリーンの座標を x とすると，角度 $\theta \ll 1$ であるとき，検出光強度分布は

$$I(x) = 2\int_0^\infty S(k)\{1+\cos(2k\theta x)\}dk \tag{4.34}$$

となる。式（4.34）の分布は，x 軸方向にアレイを持つCCD検出器などを使い，光強度として検出することができる。式（4.34）の分布を使い，式（4.33）と同じようにコサイン変換の方法を用いることにより，可動部がなくても光源のスペクトル分布を求めることができる。また電子的な走査の時間は機械的な走査よりも一般に速いので，走査時間内のスペクトル変化が一定と見なすことができる場合には，ダイナミックな分光測定も可能である。このことは，時間的に化学変化をする蛍光体などのスペクトル分光などに適している。

◆ 4.7 コヒーレンス関数の伝搬 ◆

光のコヒーレンスは，光源そのものの持つ特性ではなく，光源から出た光が伝搬することによって変化し，ある伝搬場所における光の性質として定義される量であることを述べた。それでは，光のコヒーレンスがどのように空間を伝搬していくかについて以下に調べてみよう。光波自体は，3.2節でも見たようにマクスウェルの波動方程式を満足する。したがって，ここでは詳細については計算しないが，図4.7に示すように，ある平面座標上の光源 P_1，P_2 から出

4.7 コヒーレンス関数の伝搬

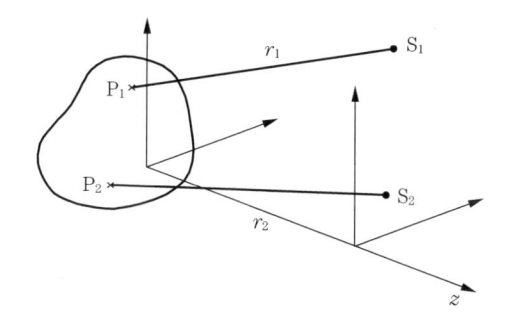

図 4.7 コヒーレンス関数の伝搬

た光の場（この光源は実際の光源である必要はなく，光源から光が伝搬した後のある波面であってもよい）の伝搬に対して，コヒーレンス関数 $\Gamma(P_1, P_2; \tau)$ は波動方程式を満たすことが比較的容易に導かれる。光の振幅としては，ある座標方向のスカラ振動成分と仮定し，伝搬方程式として

$$\nabla_j^2 \Gamma(P_1, P_2; \tau) = \frac{n^2}{c^2} \frac{\partial^2 \Gamma(S_1, S_2; \tau)}{\partial \tau^2} \qquad (j=1,2) \tag{4.35}$$

が得られる。ここで，∇^2 はラプラシアン演算子である。また，光は真空あるいは一様な誘電体媒質中を伝搬するものとし，その速度を c/n（n：媒質中の屈折率）とした。式（4.35）で，光源上でのコヒーレンス関数の形が定義されれば，これを初期値として微分方程式を解き，任意の平面上（P_1，P_2 の平面から z の方向）の点 S_1，S_2 におけるコヒーレンス関数 $\Gamma(S_1, S_2; \tau)$ を計算することができる。図中，r_1，r_2 は $P_1 S_1$，$P_2 S_2$ 間の光の伝搬距離である。

式（4.35）を直接解くよりも，コヒーレンス関数のフーリエ変換である式（4.27）で定義される相互スペクトルコヒーレンス関数を使ったほうがその後の展開が容易なため，ここではその方法について示す。相互スペクトルコヒーレンス関数を $\hat{\Gamma}(P_1, P_2; \nu)$ と定義すると，この式の満たすべき伝搬式は，3.2 節でも述べたヘルムホルツ方程式

$$(\nabla_j^2 + k^2)\hat{\Gamma}(P_1, P_2; \nu) = 0 \qquad (j=1,2) \tag{4.36}$$

を満たす。ここで，$k = 2\pi n\nu/c$ は光の波数である。3 章と同じようにして，グリーン関数 G を定義することにより，式（4.36）は解くことができ

$$\hat{\Gamma}(S_1,S_2;\nu)=\frac{1}{4\pi^2}\int_{\sigma_1}\int_{\sigma_2}\hat{\Gamma}(P_1,P_2;\nu)\frac{\partial G(P_1,S_1)}{\partial n}\frac{\partial G(P_2,S_2)}{\partial n}d\sigma_1 d\sigma_2 \qquad(4.37)$$

となる．ここで，σ は光源上の点 P の積分範囲を示し，$\partial/\partial n$ はその面上での法線方向の微分を表している．式（4.37）の計算の仕方は，多少煩雑ではあるが，3章の回折積分を求めた場合と同様な手順で行うことができる．ここでは，計算結果だけを示そう．式（4.37）の積分結果は

$$\hat{\Gamma}(S_1,S_2;\nu)=\frac{1}{4\pi^2}\int_{\sigma_1}\int_{\sigma_2}\hat{\Gamma}(P_1,P_2;\nu)\cos\theta_1\cos\theta_2$$
$$\times(1-ikr_1)(1+ikr_2)\frac{\exp\{ik(r_1-r_2)\}}{r_1 r_2}d\sigma_1 d\sigma_2 \qquad(4.38)$$

と計算できる．ここで，θ_j は光線方向と z 軸とのなす角 $\cos\theta_j=z/r_j$ である．相互コヒーレンス関数は，式（4.38）をフーリエ変換することによって得られ，その結果は

$$\Gamma(S_1,S_2;\tau)=\frac{1}{4\pi^2}\int_{\sigma_1}\int_{\sigma_2}\Gamma\left(P_1,P_2;\tau-\frac{r_1-r_2}{c}\right)\frac{\cos\theta_1\cos\theta_2}{r_1 r_2}$$
$$\times\Omega(P_1,P_2;\tau)d\sigma_1 d\sigma_2 \qquad(4.39)$$

で与えられる．また式中の Ω は微分演算子である．

$$\Omega(P_1,P_2;\tau)=1+\frac{r_1-r_2}{c}\frac{\partial}{\partial\tau}-\frac{r_1 r_2}{c^2}\frac{\partial^2}{\partial\tau^2} \qquad(4.40)$$

式（4.39）は，$\Gamma(P_1,P_2;\tau)$ で定義されるコヒーレンス関数が，ある距離だけ伝搬した後，$\Gamma(S_1,S_2;\tau)$ と計算されることを示している．したがって，最初のコヒーレンス度が，ある距離だけ伝搬した後に伝搬前と同じとなっている保証はない．この式を使って，有用な式を導こう．条件として，光源が準単色光（例えば，ヤングの干渉実験のように熱光源からの光を帯域幅の低い色フィルタを通した場合）であり，かつ二つの光路長の差が大きくない場合を考える．この条件は，光源のスペクトル幅を $\Delta\nu$ として

$$\left|\tau-\frac{r_1-r_2}{c}\right|\ll\frac{1}{\Delta\nu} \qquad(4.41)$$

である．この仮定を用いると，式（4.39）は

4.7 コヒーレンス関数の伝搬

$$\Gamma(S_1, S_2; \tau) = \frac{\exp(-i2\pi\bar{\nu}\tau)}{4\pi^2} \int_{\sigma_1} \int_{\sigma_2} \Gamma(P_1, P_2; 0) \cos\theta_1 \cos\theta_2$$
$$\times (1 - i\bar{k}r_1)(1 + i\bar{k}r_2) \frac{\exp\{i\bar{k}(r_1 - r_2)\}}{r_1 r_2} d\sigma_1 d\sigma_2 \quad (4.42)$$

となる。周波数,波数の上に付けたバーは,準単色光を仮定したため,それぞれ光の中心周波数と中心波数であることを表す。この式は,部分的コヒーレント光(コヒーレンス度の絶対値が 0 と 1 の中間の値)で照明された場合のコヒーレンス関数の伝搬式である。ここで,光源が空間的にインコヒーレントな場合を考えてみよう。これは,例えば熱光源からの光を単に帯域の狭い,色フィルタを通して見る場合である。このとき,光源の相互コヒーレンス関数は

$$\Gamma(P_1, P_2; \tau) = I(P_1)\delta(P_1 - P_2)\exp(-i2\pi\bar{\nu}\tau) \quad (4.43)$$

とおくことができる。したがって,式 (4.37) は

$$\Gamma(S_1, S_2; \tau) = \frac{\exp(-i2\pi\bar{\nu}\tau)}{4\pi^2} \int_\sigma I(P) \cos\theta_1 \cos\theta_2$$
$$\times (1 - i\bar{k}r_1)(1 + i\bar{k}r_2) \frac{\exp\{i\bar{k}(r_1 - r_2)\}}{r_1 r_2} d\sigma \quad (4.44)$$

と計算される。さらに,$\tau = 0$ として時間差がない場合で,かつ光線方向の z 軸とのなす角度が小さく $\cos\theta_j \approx 1$ とできる場合には

$$\Gamma(S_1, S_2; 0) = \frac{\bar{k}^2}{4\pi^2} \int_\sigma I(P) \frac{\exp\{i\bar{k}(r_1 - r_2)\}}{r_1 r_2} d\sigma \quad (4.45)$$

と近似できる。ただし,光の伝搬距離は光の波長よりも十分に長いとして $\bar{k}r \gg 1$ であることを使った。この式は,形式的に見ると,3.4 節で述べたホイヘンス・フレネルの回折積分と同じ形をしている。この式の意味するところは,ある広がりを持つ空間的にインコヒーレントではあるが準単色光照明近似ができる面において,その面上における点 S_1, S_2 の相互コヒーレンス関数は,光源の強度分布と同じ振幅分布とした開口から S_2 へ収斂する光が作る回折像の S_1 における複素分布に等しいということである。これは,ヴァン・チッター--ゼルニケ(Van Cittert-Zernike)の定理と呼ばれる。

光の回折積分のときに行ったように,フラウンホーファー条件が成り立つ場

合には，式 (4.45) はより簡単な形である

$$\Gamma(S_1, S_2; 0) \propto \int_\sigma I(x,y) \exp\{i\bar{k}(Xx + Yy)\} dx dy \tag{4.46}$$

と表される。すなわち，コヒーレンス関数は，光源の強度分布のフーリエ変換で表されることになる。光の回折において計算した結果を使うと，熱光源で準単色光とした円形開口からの光のコヒーレンスの伝搬は，開口のフラウンホーファー回折場において

$$\Gamma(S_1, S_2; 0) \propto \frac{2J_1(s)}{s} \tag{4.47}$$

となることがわかる。$J_1(s)$ はすでに見た1次のベッセル関数，s は光源の大きさを a，伝搬距離を z として

$$s = \frac{2\pi a}{\lambda z} |S_1 - S_2| \tag{4.48}$$

である。すなわち，熱光源であっても，光源の大きさ a を小さくすると，十分な距離だけ光が伝搬した後に，式 (4.47) からわかるように，伝搬後のコヒーレンスがよくなっていることがわかる。これが，ヤングの干渉実験での光源側に置かれたスリットの意味である。

◆ 4.8 強度干渉 ◆

干渉というのは一般に波としての性質であり，波の振幅としての干渉という概念は頻繁に用いられる。また，これまでの議論でも，光強度は干渉せず，光強度の重ね合わせについては，インコヒーレント和であるとしてきた。しかし，光源が統計的に揺らぎ，その効果が無視できない場合には事情が異なる。その典型が，ハンブリー・ブラウン（Hanbury Brown）とトゥイス（Twiss）による強度干渉の概念である。この概念は，当初，光強度が干渉するという事実にとまどいがあり，なかなか受け入れられなかった。しかし，統計的な揺らぎを持つ光源に対して，強度干渉を起こすということは次第に定着し，それを応用した測定が行われるようになってきた。実際，彼らは水銀ランプの強度揺

4.8 強度干渉

らぎから光源のコヒーレンス関数を求めた。さらに，この方法は天体強度干渉に応用され，マイケルソン干渉の代わりに，星からの光強度を検出した後の電気的な信号の相関を計算することにより，星の視直径を求めるのに使われている。以下では，揺らぎのある光源を仮定し，光強度干渉について述べる。

これまで，光の複素振幅の相関からコヒーレンス関数（光の複素振幅の2次の相関）が定義され，計算されることを示してきた。しかし，一般には光場の振幅の相関を直接測定することは必ずしも容易ではない。通常，われわれが観測する量は光の強度であり，光強度の検出のほうが格段に容易である。しかし，いったん検出された光強度を用いて，振幅の相関を計算することができるのであろうか。

ここでは，熱的な光源を仮定して，光強度の観測からコヒーレンス関数が求められることを示そう。このために，光強度の相関（複素振幅としては4次の相関）を計算するが，振幅についての統計的仮定を行う。すなわち，ある空間上の点 P における光の振幅 $E(P,t)$ をランダムなガウス変数として取り扱う。実際，熱的な光源からの光の揺らぎはランダムなガウス変数としてよい。

光の場のある点 P_1, P_2 において偏光状態は同じ直線偏光であるとし，観測光強度 $I(P,t)=E(P,t)E^*(P,t)$ に対して，$I(P_1,t)$ と $I(P_2,t-\tau)$ の強度相関

$$\langle I(P_1,t)I(P_2,t-\tau)\rangle = \langle E(P_1,t)E^*(P_1,t)E(P_2,t-\tau)E^*(P_2,t-\tau)\rangle \tag{4.49}$$

について考える。一般に，ある二つの実ガウス変数 x_1, x_2 において，その確率分布関数は

$$p(x_j) = \frac{1}{\sqrt{2\pi\rho}}\exp\left(-\frac{x_j^2}{2\rho^2}\right) \qquad (j=1,2) \tag{4.50}$$

である。また，二つのガウス関数の結合確率分布関数は

$$p(x_1,x_2) = \frac{1}{2\pi\rho_{12}^2}\exp\left(-\frac{\mu_{11}x_1^2 + \mu_{22}x_2^2 - 2\mu_{12}x_1x_2}{2\rho_{12}^2}\right) \tag{4.51}$$

と与えられる。ここで

$$\rho^2 = \langle x_j^2 \rangle \tag{4.52 a}$$

$$\mu_{12} = \langle x_1 x_2 \rangle \tag{4.52 b}$$

$$\rho_{12}^2 = \mu_{11}\mu_{22} - \mu_{12}^2 \tag{4.52 c}$$

である。実際には光の振幅 E は複素数であるから，少し長い計算が必要だが，これらのガウス変数の確率分布関数とその関係を用い，式 (4.49) は最終的に

$$\langle I(P_1,t)I(P_2,t-\tau)\rangle = \langle I(P_1,t)\rangle\langle I(P_2,t-\tau)\rangle + |\Gamma(P_1,P_2;\tau)|^2 \tag{4.53}$$

と計算される。$\Gamma(P_1,P_2;\tau)$ は，先に導入したコヒーレンス関数である。揺らぎのある光強度の平均値を $\langle I(P,t)\rangle$ として，強度揺らぎを

$$\Delta I(P,t) = I(P,t) - \langle I(P,t)\rangle \tag{4.54}$$

で定義すると，規格化コヒーレンス関数は，この揺らぎの規格化相関関数から

$$|\gamma(P_1,P_2;\tau)|^2 = \frac{\langle \Delta I(P_1,t)\Delta(P_2,t-\tau)\rangle}{\langle I(P_1,t)\rangle\langle I(P_2,t)\rangle} \tag{4.55}$$

で与えられる。

　光強度干渉では，位相は観測されないため厳密な意味でのコヒーレンス関数の測定ではなく，コヒーレンス度（コヒーレンス関数の絶対値）のみが観測されることになる。しかし，熱光源の強度揺らぎ相関（光の振幅については4次の相関）から2次の相関，すなわち光の場の振幅相関が導かれるという重要な結果が得られる。マイケルソン干渉計においては，光振幅として干渉計を構成するため，干渉を乱す振動や空気の流れなどは極力排除する必要がある。また，光波干渉においては実験室内の環境ではなんとか外乱を抑えることはできても，例えば天体干渉など大きなスケールでの干渉計などでは，天候などが安定した条件のときにしか観測しかできない。一方，光強度干渉では，やはり外乱は少ないほうが望ましいが，いったん光を強度検出し，その後の電気処理で干渉を計算することになるため，測定における環境条件がかなりゆるくなるメリットがある。実際，ハンブリー・ブラウンとトゥイスは，図4.8 に示すような実験装置で，水銀ランプの輝線スペクトルの一つである 435.8 nm の波長の光を使い，光源の強度揺らぎからコヒーレンス関数を求めた。この結果，干渉

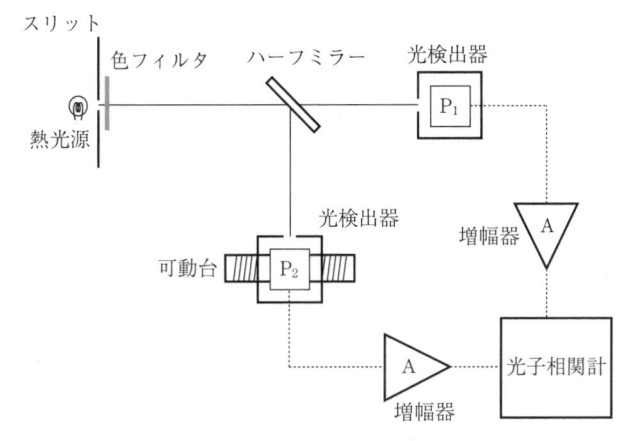

図 4.8 光強度干渉

距離として 5 mm 程度（干渉時間は 10^{-11} 秒程度）を得た。

　さらに，この方法は天体強度干渉に応用され，マイケルソン干渉の代わりに，星からの光強度を検出した後の電気的な信号の相関から，星の視直径 10^{-3} 秒程度が求められた（大型望遠鏡を使った通常の視直径分解能は，大気の揺らぎ効果を無視しても 10^{-1} 秒程度である）。量子演算や量子通信における量子干渉においては光子としての相関が重要であり，この光強度相関の方法が量子検出においても頻繁に用いられている。

▶ 演 習 問 題 ◀

4.1　広がった光源からのヤングの干渉じま強度が式（4.3）となることを計算せよ。
4.2　式（4.19）から，平均干渉光強度の式（4.22）を計算し，干渉じまの可視度が式（4.24）で与えられることを示せ。
4.3　減衰振動の式（4.28）をフーリエ変換することにより，このスペクトルが式（4.29）のローレンツ分布関数となることを示せ。
4.4　スペクトル関数 $S(k)$ $(k=2\pi\nu/c)$ が式（4.29）の形で与えられるとき，式（4.34）を用いてフーリエ分光器から得られる出力を計算せよ。
4.5　確率分布関数の式（4.50），（4.51）を用いて，式（4.52）の関係を計算せよ。

5 レンズとフーリエ変換

　像を形成したり，光を収束，発散させるためにガラス系の材料を利用した屈折率レンズが用いられる。一方で，屈折率レンズに限らず，レンズ作用をする素子はフォトニクス情報処理においても重要な役割を果たす。レンズの一つの機能として集光という操作を例にとると，平面波がレンズに入射すると，平面波はレンズにより光束が絞られ，空間のある1点すなわちレンズ焦点位置に明るい輝度のスポットとして集まることになる。これを数学的に考えると，ある一定の値の2次元波面がレンズにより変換されて空間の1点に変換される，すなわち数学的な2次元のデルタ関数となることである。このため，レンズはフーリエ変換素子として使える。本章では，フォトニック情報処理の重要な要素である，レンズのフーリエ変換作用と結像について学ぶ。

◆ 5.1 波面変換としてのレンズ ◆

　レンズを用いた光の変換の説明としては，レンズ面における光線の屈折としての取扱いと，レンズに入射する光の波面変換という取扱いの二つの方法がある。当然，同じ結果が得られるわけであるが，ここではレンズによるフーリエ変換を説明するために，波動光学的取扱いをしよう。ガラスなどを用いた屈折率レンズを仮定し，さらにレンズの厚みは薄く，またレンズ曲面の曲率半径はレンズに入射する光線の高さに比べ十分に大きいため，近軸近似の仮定が成り立つものとする。

　図 5.1 に示すように，レンズ面上の座標 (x,y) において，ある光の波面 $u(x,y)$ が入射するものとする。レンズによる波面の変換を $t(x,y)$ とすると，レンズを出射した後の波面 $u'(x,y)$ は

$$u'(x,y) = t(x,y) u(x,y) \tag{5.1}$$

5.1 波面変換としてのレンズ

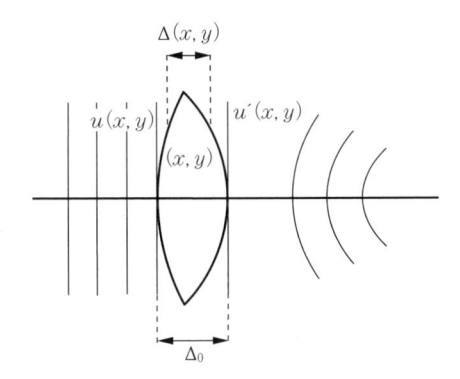

図5.1 レンズによる波面変換

と書くことができる。レンズは薄いものとしたので，u，t，u'とも同じ座標(x,y)の関数とすることができる。

ところで，いまレンズによる光の吸収はなく，レンズによって光の位相のみが変換されるとする。$t(x,y)$はレンズによる光の透過関数であり，レンズによる位相を$\phi(x,y)$として

$$t(x,y)=\exp\{i\phi(x,y)\} \tag{5.2}$$

と書ける。以下では，レンズによる波面の変換位相 $\phi(x,y)$ を求める。

ガラスレンズ材料の屈折率をn，レンズの光軸上での厚みをΔ_0，座標(x,y)におけるレンズの厚みを$\Delta(x,y)$，光の波数をkとしよう。レンズに入射する光が平面波であり，図に示したように，レンズ入射面で光軸上の点に接する平面波の振幅を$u(x,y)$とする。この面を基準として，レンズによる位相を計算する。この波面がレンズにより変換され，出射面上の光軸に接する波面$u'(x,y)$となる。薄いレンズにおける近軸であるから，レンズを透過した直後の振幅$u'(x,y)$もほぼ平面波であると仮定する。そうすると，$u(x,y)$から$u'(x,y)$へ波面を変換するレンズの位相は

$$\phi(x,y)=k[n\Delta(x,y)+\{\Delta_0-\Delta(x,y)\}] \tag{5.3}$$

と書くことができる。

レンズは二つの曲率半径を持つ球面からなるものとして，図5.2（a），（b）それぞれ示すように，位相に含まれる関数$\Delta(x,y)$を入射側と出射側の$\Delta_1(x,y)$と$\Delta_2(x,y)$との二つに分けて

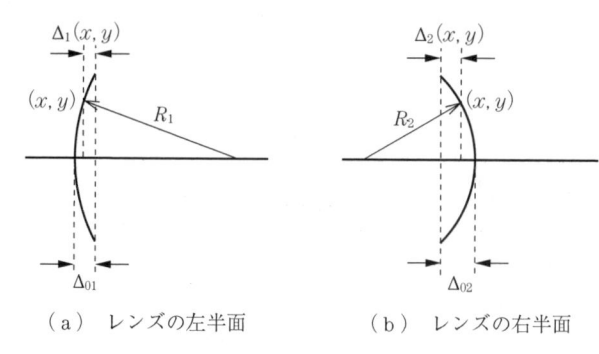

(a) レンズの左半面　　　　（b）レンズの右半面

図5.2　レンズの曲面

$$\Delta(x,y) = \Delta_1(x,y) + \Delta_2(x,y) \tag{5.4}$$

として考えてみよう．それぞれに分けた部分のレンズ光軸における厚みを Δ_{01}, Δ_{02}, 曲面の曲率半径を R_1, R_2 として，$\Delta_1(x,y)$ と $\Delta_2(x,y)$ は

$$\Delta_1(x,y) = \Delta_{01} - \{R_1 - \sqrt{R_1^2 - (x^2+y^2)}\} \tag{5.5 a}$$

$$\Delta_2(x,y) = \Delta_{02} - \{-R_2 - \sqrt{R_2^2 - (x^2+y^2)}\} \tag{5.5 b}$$

のように計算できる．ここで，通常よく使われる概念として，レンズの曲率半径の中心がレンズ曲面の右側にあるときに曲率半径を正，左側にあるときに負であると定義していることに注意しよう．また，図として両凸レンズをモデルにしているが，このようにすると，凹レンズなどへの拡張の場合に，個別に定式化を毎回行う必要がなく，ここでの結果をそのまま使うことができる．

ここで，近軸近似を仮定しているので，レンズに入る波面の光軸からの高さはレンズの曲率半径 R よりも十分小さいとする．すなわち，$R^2 \gg x^2 + y^2$ として，式 (5.5) の平方根を

$$\sqrt{R^2 - (x^2+y^2)} \approx R - \frac{x^2+y^2}{2R} \tag{5.6}$$

としよう．参考までに，省略した高次の項は結像におけるレンズ収差項となる．これを式 (5.5) に代入し，$\Delta_0 = \Delta_{01} + \Delta_{02}$ であることを使うと，式 (5.4) は

$$\Delta(x,y) = \Delta_0 - \frac{x^2+y^2}{2}\left(\frac{1}{R_1} - \frac{1}{R_2}\right) \tag{5.7}$$

と計算できる．したがって，式 (5.2) のレンズによる光の透過関数は

$$t(x,y) = \exp(ikn\Delta_0)\exp\left\{-ik(n-1)\left(\frac{1}{R_1}-\frac{1}{R_2}\right)\frac{x^2+y^2}{2}\right\} \quad (5.8)$$

となる．式 (5.8) の右辺後ろの指数項で

$$\frac{1}{f} = (n-1)\left(\frac{1}{R_1}-\frac{1}{R_2}\right) \quad (5.9)$$

とおき，定位相項を省略すると，式 (5.1) の入射波面 $u(x,y)$ から $u'(x,y)$ への変換式は

$$u'(x,y) = \exp\left\{-i\frac{k}{2f}(x^2+y^2)\right\}u(x,y) \quad (5.10)$$

と表すことができる．式 (5.10) の右辺の指数項は収束する球面波を表し，その収束位置が f であることを示している．この f はよく知られているように，レンズの焦点距離である．この指数関数部分は，3.6 節のフレネルレンズのところで述べたレンズの波面変換にほかならない．$u(x,y)$ が一定の波面すなわち定数であるとすると，レンズにより平面波は球面波に変換され，レンズ焦点位置の 1 点に収束することを表している．すでに述べたように，定数がデルタ関数に変換されるということは，フーリエ変換操作である．このことについて，次節で具体的に示そう．

5.2 レンズを使ったフーリエ変換

通常，レンズによるフーリエ変換において，入力は 2 次元の平面画像である．画像をある位置に置き，レンズを用いて画像のフーリエ変換を行うわけであるが，先にも述べたように，フーリエ変換が達成されるのは，レンズの焦点面においてである．それでは，入力の画像はどの位置にあるべきであろうか．答えからいうと，画像の置く位置としては，レンズの前面，あるいはレンズの後方でレンズと焦点の間のどこにあってもよい．ここでは，画像を置く位置として三つの場合を考え，それぞれの場合において，レンズによってフーリエ変換が達成されることを説明する．

最初に，図 5.3（a）に示されるようにレンズの直前に入力画像が置かれ，

5. レンズとフーリエ変換

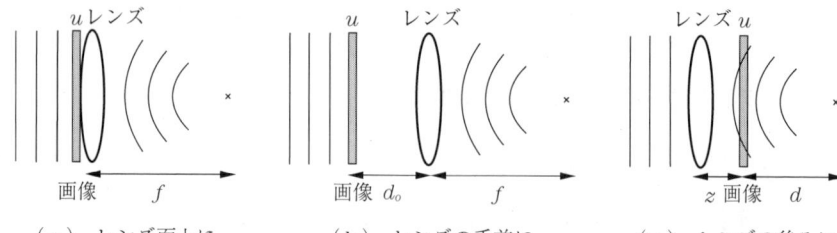

(a) レンズ面上に画像がある場合

(b) レンズの手前に画像がある場合

(c) レンズの後ろに画像がある場合

図 5.3　レンズを用いたフーリエ変換の配置

画像はレーザ光のようなコヒーレントな光で照明されているものとする。画像は，写真フィルムのようなパターンを想定し，その濃淡に応じて光に対する振幅透過率分布が変化するものと仮定しよう。平面波で照射された画像の光透過振幅分布を $u(x,y)$ としよう。レンズによって変換された波面 $u'_Q(x,y)$ は，レンズの波面変換の式 (5.10) を使い

$$u'_Q(x,y) = u(x,y)P(x,y)\exp\left\{-i\frac{k}{2f}(x^2+y^2)\right\} \tag{5.11}$$

と書ける。ここで，$P(x,y)$ は有限な大きさのレンズの開口関数であり，レンズ収差がないとするとき，開口内では 1 となる関数である。

次に，式 (5.11) で表される光の振幅が，レンズの後方 z の位置となる座標 (X,Y) の面 P でどのような形で表されるかを計算してみよう。伝搬はフレネル伝搬であるとして，振幅 $u_P(X,Y)$ は

$$u_P(X,Y) = \frac{1}{i\lambda z}\int_{-\infty}^{\infty}\int_{-\infty}^{\infty} u'_Q(x,y)\exp\left[i\frac{k}{2z}\left\{(x-X)^2+(y-Y)^2\right\}\right]dxdy \tag{5.12}$$

と書ける。式 (5.11) を式 (5.12) に代入し整理すると，振幅は

$$u_P(X,Y) = \frac{1}{i\lambda z}\exp\left\{i\frac{k}{2z}(X^2+Y^2)\right\}\int_{-\infty}^{\infty}\int_{-\infty}^{\infty} u(x,y)P(x,y)$$
$$\exp\left\{i\frac{k}{2}\left(\frac{1}{z}-\frac{1}{f}\right)(x^2+y^2)\right\}\exp\left\{-i\frac{k}{z}(xX+yY)\right\}dxdy \tag{5.13}$$

と計算できる。右辺の積分内の最初の指数関数において，x, y についての 2

乗に関する項は $z=f$ のとき1となり，振幅は

$$u_P(X, Y) = \frac{1}{i\lambda f}\exp\left\{i\frac{k}{2f}(X^2+Y^2)\right\}$$

$$\int_{-\infty}^{\infty}\int_{-\infty}^{\infty} u(x,y) P(x,y)\exp\{-i2\pi(\nu_x x + \nu_y y)\}dxdy$$

(5.14)

となる。ここで，ν_x, ν_y は座標 X, Y を変換した新しい座標で

$$\nu_x = \frac{X}{\lambda f} \tag{5.15 a}$$

$$\nu_y = \frac{Y}{\lambda f} \tag{5.15 b}$$

で表される。この次元は $1/\lambda$ であり，3.4節でも述べたように ν_x, ν_y は周波数の次元となることがわかる。したがって，ν_x, ν_y は空間の周波数を表す量であり，空間周波数と呼ばれる。空間周波数の意味については，7.4節で詳しく説明する。したがって，式 (5.14) の積分の項は，ν_x, ν_y を周波数成分とする2次元のフーリエ変換の形になっていることがわかる。

式 (5.14) によると，レンズの直前に置かれた画像が，レンズによってその焦点位置においてフーリエ変換されていることがわかる。ただし，式 (5.14) を見るとわかるように，フーリエ変換の振幅には X, Y に関する2次の位相項が掛けられており，振幅 $u_P(x,y)$ は正確には画像のフーリエ変換とはなっていないことに注意しよう。この2次の位相項は，レンズによって収束する球面波の曲率を表していることがわかる。画像をフーリエ変換し，そのパワースペクトルのみに関心がある場合には，この2次の位相項は実質の影響を与えることはない。しかし，複素振幅としてフーリエ変換そのものを考えるときや，フーリエ変換された画像に対して，その振幅に引き続きなんらかの操作を施すことを考える場合には，この2次の位相項に注意する必要がある。

図 (b) に示すように，入力画像がレンズから離れて前方にあるときに，画像のフーリエ変換の関係はどのようになるか考えてみよう。いま，レンズの前方 d_o の距離に画像があり，画像はコヒーレント光で照明されているものとす

る．画像直後の光の振幅 $u(x_o, y_o)$ はレンズ面までフレネル伝搬するものとすると，レンズ面に変換された画像の振幅 $u_Q(x, y)$ は

$$u_Q(x,y) = \frac{1}{i\lambda d_o}\int_{-\infty}^{\infty}\int_{-\infty}^{\infty} u(x_o,y_o)\exp\left[i\frac{k}{2d_o}\{(x_o-x)^2+(y_o-y)^2\}\right]dx_o dy_o \tag{5.16}$$

と書ける．(x_o, y_o) は画像のある面での座標である．式 (5.16) は形式的に

$$u_Q(x,y) = \frac{1}{i\lambda d_o}u(x,y) * \exp\left\{i\frac{k}{2d_o}(x^2+y^2)\right\} \tag{5.17}$$

と表される．*は，2章で定義した畳込み積分演算を表す．レンズ直前の波面がレンズによってフーリエ変換されることから，この結果を式 (5.14) に代入すると，レンズの後ろ焦点距離において，振幅は

$$u_P(X,Y) = \frac{1}{i\lambda f}\exp\left\{i\frac{k}{2f}(X^2+Y^2)\right\}$$

$$\times \text{FT}\left[\frac{1}{id_o f}\exp\left\{i\frac{k}{2d_o}(x^2+y^2)\right\}\right]\text{FT}[u(x,y)P(x,y)] \tag{5.18}$$

と与えられる．FTはすでに述べたフーリエ変換演算子である．2次の位相項を別にすれば，式 (5.18) はやはり2次元のフーリエ変換を与えることがわかる．したがって，レンズの前方の適当な位置に置かれた画像は，やはりレンズによってフーリエ変換され，レンズ焦点位置で画像のフーリエ変換が達成される．

ところで，式 (5.18) において，画像関数 $u(x,y)$ のフーリエ変換の前に掛かる位相項がどのようになるか計算してみよう．フレネル項のフーリエ変換については，これは複素積分を行う必要があるが，形式的にガウス関数の積分と同じように計算でき（数学公式集参照）

$$\text{FT}\left[\frac{1}{i\lambda d_o}\exp\left\{i\frac{k}{2d_o}(x^2+y^2)\right\}\right]$$

$$= \frac{1}{i\lambda d_o}\int_{-\infty}^{\infty}\int_{-\infty}^{\infty}\exp\left\{i\frac{k}{2d_o}(x^2+y^2)\right\}\exp\left\{-i\frac{k}{f}(xX+yY)\right\}dxdy$$

$$= \exp\left\{-i\frac{kd_o}{2f^2}(X^2+Y^2)\right\} = \exp\{-i\pi\lambda d_o(\nu_x^2+\nu_y^2)\} \tag{5.19}$$

と与えられる。この結果を式 (5.18) に代入すると，$u(x,y)$ のフーリエ変換に掛かる2次の位相項成分は

$$\frac{1}{i\lambda f}\exp\left\{i\frac{k}{2f}(X^2+Y^2)\right\}\mathrm{FT}\left[\frac{1}{i\lambda d_o}\exp\left\{i\frac{k}{2d_o}(x^2+y^2)\right\}\right]$$

$$=\frac{1}{i\lambda f}\exp\left\{i\frac{k}{2f}\left(1-\frac{d_o}{f}\right)(X^2+Y^2)\right\} \tag{5.20}$$

となる。すなわち，式 (5.20) において $d_o=f$ となるレンズ前方の焦点面に画像が置かれたとき，この位相項は定数となり，式 (5.18) において数学的にも完全な画像のフーリエ変換がレンズの後ろ焦点位置に作られることになる。したがって，$d_o=f$ の配置を使った画像のフーリエ変換は，フォトニック・フィルタリングをはじめとして，頻繁にフォトニクス情報処理の光学系として使われる。画像が焦点面以外の任意の位置に置かれるときには，フーリエ変換された画像には，式 (5.14) のときと同様に画像に2次の位相項成分が残る。$d_o=0$ のとき，すなわち画像がレンズの直前に置かれたときには，式 (5.20) は式 (5.14) の積分の前に掛かる2次の位相項に一致する。

　実際に画像をフーリエ変換するときに，レンズの前に画像を置くスペースが限られている場合などがある。このような場合には，図 (c) に示すようなフーリエ変換光学系が使える。このような系で画像のフーリエ変換が実現できることを示そう。画像はレンズの後方 z の位置にあり，レンズには平面波が入射され，収束するコヒーレントな球面波で画像が照明されているものとしよう。レンズから画像までは光はフレネル伝搬し，その振幅は

$$h(x_o,y_o)=\frac{1}{i\lambda z}\exp\left\{-i\frac{k}{2f}(x_o^2+y_o^2)\right\}*\exp\left\{i\frac{k}{2z}(x_o^2+y_o^2)\right\} \tag{5.21}$$

で表される。(x_o,y_o) は画像が置かれた面での座標である。したがって，レンズ焦点面における光の振幅 $u_P(X,Y)$ は

$$u_P(X,Y)=\frac{1}{i\lambda d}\int_{-\infty}^{\infty}\int_{-\infty}^{\infty}h(x_o,y_o)\,u(x_o,y_o)P\left(\frac{f}{d}x_o,\frac{f}{d}y_o\right)$$

$$\times\exp\left[i\frac{k}{2d}\{(x_o-X)^2+(y_o-Y)^2\}\right]dx_o dy_o \tag{5.22}$$

で与えられる。ここで，$d=f-z$ は画像とレンズ焦点面の距離である。また，レンズの開口関数 P は，画像面において照明する領域が収束する波面であるため制限され，元の開口の大きさよりも小さくなる。回折効果は小さいとしてこれを無視して $P(fx_o/d, fy_o/d)$ とおいた。式 (5.21) の計算であるが，これはすぐに求めることは難しいが，いったん式 (5.21) をフーリエ変換し，その結果を逆フーリエ変換し元に戻すことによって解析的に計算することができる。

$h(x_o, y_o)$ のフーリエ変換は，式 (5.19) の結果を使い

$$H(\nu_x, \nu_y) = i\lambda f \exp\{i\pi\lambda f(\nu_x^2 + \nu_y^2)\}\exp\{-i\pi\lambda z(\nu_x^2 + \nu_y^2)\}$$
$$= i\lambda f \exp\{i\pi\lambda(f-z)(\nu_x^2 + \nu_y^2)\} \tag{5.23}$$

となる。$f-z=d$ であることに注意して，これを逆フーリエ変換すると

$$h(x_o, y_o) = \exp\left\{-i\frac{k}{2d}(x_o^2 + y_o^2)\right\} \tag{5.24}$$

が得られる。この結果を式 (5.22) に代入してまとめると，レンズ焦点位置における振幅は最終的に

$$u_P(X, Y) = \frac{1}{i\lambda d}\exp\left\{i\frac{k}{2d}(X^2 + Y^2)\right\}$$
$$\times \int_{-\infty}^{\infty}\int_{-\infty}^{\infty} u(x_o, y_o) P\left(\frac{f}{d}x_o, \frac{f}{d}y_o\right)\exp\left\{-i\frac{k}{d}(x_o X + y_o Y)\right\}dx_o dy_o \tag{5.25}$$

と与えられる。この結果，やはりレンズ焦点面において画像のフーリエ変換が得られることがわかる。画像がレンズの直後に置かれているとき，すなわち $d=f$ とすれば，この式は，式 (5.14) に一致する。このように，コヒーレントな光で照射された画像は，レンズに対してどの位置に置かれても，レンズ焦点面においてそのフーリエ変換が計算されることを示している。実際に，どの光学系でフーリエ変換を実現するかは，そのシステムの使い勝手によって決めればよい。しかし，すでに述べたように，位相項も含め数学的な意味での完全なフーリエ変換となるのは，画像がレンズの前焦点面に置かれている場合だけであることを注意しておこう。

5.3 結像光学系

　レンズは元々結像素子として作られており，結果としてフーリエ変換ができる素子であったということにすぎない。6章でもレンズの結像特性について取り扱う必要があるので，波動光学的に見たレンズの結像特性についてまとめておこう。

　先に，2.6節において線形システムについて述べた。線形システムの観点から見ると，レンズを用いた結像では，入力は物体または画像であり，出力はその像である。レンズと光の伝搬系を含めたものがシステムとなる。システムが理想的であり，すべての物体からの光を像へ集めることができれば，完璧な物体像が得られることになる。しかし，レンズの大きさは有限であり，物体からの光の一部分しか像面へ射影することができない。したがって，時間信号が回路で帯域制限されるように，光の場合にも画像の持つ信号が空間で帯域制限されることになる。このことは，微小な点の物体が入力面（以下では物体面と呼ぼう）にあっても，像面ではレンズを含めた伝送帯域によって情報が帯域制限され，出力像は点ではなく，図5.4に示すように広がった像となることを意味している。これが，レンズを通して見た物体の分解能ということになる。

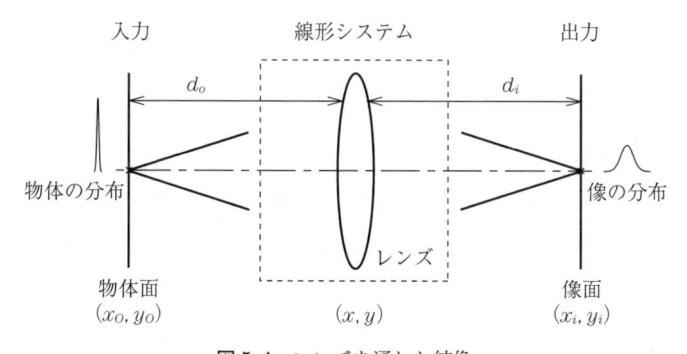

図5.4　レンズを通した結像

次に，点像の広がりについて，式を用いて表してみよう．理想的な結像とは，物体面上の1点が像面上の対応する1点に正確に写像されることである．しかし，実際にはそうはならないことはすでに指摘した．そこで，図中の点 (x_o, y_o) に物体があり，それが

$$u(x_o', y_o') = \delta(x_o' - x_o, y_o' - y_o) \tag{5.26}$$

のように表されるものとしよう．ただし，振幅は1とした．

レンズ面の (x, y) 座標において，光の振幅は物体面の点源からのフレネル伝搬で表され

$$u_Q(x, y) = \frac{1}{i\lambda d_o} \exp\left[i\frac{k}{2d_o}\{(x-x_o)^2 + (y-y_o)^2\}\right] \tag{5.27}$$

と書ける．ここで，d_o は物体面とレンズまでの距離である．添え字が o となっているのは，物体を表す object のイニシャルである．したがって，レンズによる波面の変換とレンズ開口関数 $P(x, y)$ を掛けて，レンズ直後の光の振幅は

$$u_Q'(x, y) = u_Q(x, y) P(x, y) \exp\left\{-i\frac{k}{2f}(x^2 + y^2)\right\} \tag{5.28}$$

となる．レンズとしては，ここでも薄いレンズの仮定をしている．レンズ面から像面への伝搬はやはりフレネル伝搬とすると，像面 (x_i, y_i) における光の振幅は

$$u_P(x_i, y_i) = \frac{1}{i\lambda d_i} \int_{-\infty}^{\infty} \int_{-\infty}^{\infty} u_Q'(x, y) \exp\left[i\frac{k}{2d_i}\{(x_i-x)^2 + (y_i-y)^2\}\right] dx dy \tag{5.29}$$

で与えられる．ここで，d_i はレンズから像面までの距離である．添え字の i は image のイニシャルである．ここでの結像光学系の書き方で，通常使われる入力（input）と出力（output）とのイニシャルが逆になっていることを注意しておこう．

式 (5.27)，(5.28) を式 (5.29) に代入すると，点物体の像として

$$u_P(x_i,y_i)=\frac{-1}{\lambda^2 d_o d_i}\exp\left\{i\frac{k}{2d_i}(x_i^2+y_i^2)+i\frac{k}{2d_o}(x_o^2+y_o^2)\right\}$$

$$\times\int_{-\infty}^{\infty}\int_{-\infty}^{\infty}P(x,y)\exp\left\{i\frac{k}{2}\left(\frac{1}{d_o}+\frac{1}{d_i}-\frac{1}{f}\right)(x^2+y^2)\right\}$$

$$\times\exp\left[-ik\left\{\left(\frac{x_o}{d_o}+\frac{x_i}{d_i}\right)x+\left(\frac{y_o}{d_o}+\frac{y_i}{d_i}\right)y\right\}\right]dxdy \quad (5.30)$$

が得られる。式 (5.30) は一見複雑そうであるが，実はこれは簡単な式になることが容易にわかる。すなわち

$$\frac{1}{d_o}+\frac{1}{d_i}=\frac{1}{f} \quad (5.31)$$

の条件が成り立つとき，式 (5.30) の積分項は x, y を変数とする $P(x,y)$ についての2次元のフーリエ変換である。式 (5.31) は，いうまでもなくレンズの結像条件である。式 (5.30) の積分の前に付く2次の位相項は，それぞれ球面波を表している。すなわち，像面へ到達する波面は球面波となっていることを示している。

これまで，物体面の点を固定して考えたが，座標 (x_o, y_o) にある点物体が図に示すように，この面内で任意の場所にあるとし，また結像条件が達成されているとすると，式 (5.30) は定数項，位相項を省略して

$$u_P(x_i, x_o, y_i, y_o)$$
$$=\int_{-\infty}^{\infty}\int_{-\infty}^{\infty}P(x,y)\exp\left[-ik\left\{\left(\frac{x_o}{d_o}+\frac{x_i}{d_i}\right)x+\left(\frac{y_o}{d_o}+\frac{y_i}{d_i}\right)y\right\}\right]dxdy \quad (5.32)$$

と書くことができる。式 (5.32) の仮定は，特に近似軸近似の場合に有効である。すなわち，レンズによる像倍率を $M=-d_i/d_o$ として，また点物体と像の考える領域について

$$\frac{k}{2d_o}(x_o^2+y_o^2)=\frac{k}{2d_o}\frac{x_i^2+y_i^2}{M^2}\ll 1 \quad (5.33)$$

が成り立つ。この関係を式 (5.30) に代入し，式 (5.32) と変換座標 $\xi=x/\lambda d_i, \eta=y/\lambda d_i$ を使うと

5. レンズとフーリエ変換

$$u_P(x_i - Mx_o, y_i - My_o)$$
$$= |M| \int_{-\infty}^{\infty}\int_{-\infty}^{\infty} P(\lambda d_i \xi, \lambda d_i \eta) \exp[-i2\pi\{(x_i - Mx_o)\xi + (y_i - My_o)\eta\}] d\xi d\eta \tag{5.34}$$

が得られる。

レンズ開口が十分大きいとすると，点像の振幅は

$$u_P(x_i - Mx_o, y_i - My_o) = |M|\delta(x_i - Mx_o, y_i - My_o)$$
$$= \frac{1}{|M|}\delta\left(\frac{x_i}{M} - x_o, \frac{y_i}{M} - y_o\right) \tag{5.35}$$

となり，点が点に収束する理想的な結像になる。しかし，実際には開口は有限の大きさを持ち，例えば開口が円形をしているときには，式 (5.32) で表される点像は3.5節で計算したエアリーパターンとなり，$\lambda d_i/D$（D はレンズ開口の大きさ）程度の広がったパターンとなる。すなわち，開口径が小さくなるほど点像は広がってぼやける。式 (5.32) は点像の広がり関数を表し，凸レンズを用いた結像では倍率が $-M$ となることを考慮して，$x'_o = -Mx_o$, $y'_o = -My_o$ とおき，あらためてレンズによる点像広がり関数 h を定義すると

$$h(x_i - x'_o, y_i - y'_o)$$
$$= |M| \int_{-\infty}^{\infty}\int_{-\infty}^{\infty} P(\lambda d_i \xi, \lambda d_i \eta) \exp[-i2\pi\{(x_i - x'_o)\xi + (y_i - y'_o)\eta\}] d\xi d\eta \tag{5.36}$$

と書くことができる。この式は，レンズを用いた結像において，物体の初期の位置にかかわらずレンズによる投影像は等しい，すなわち移動不変（shift

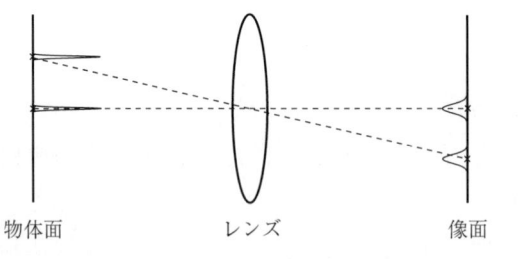

図5.5 2点物体の結像

invariant）を表している．これを図 5.5 に示した．実際の像形成においては，各点からの光がこのような広がった点像となり，その重ね合わせとして結果の像が得られることになる．この点像広がり関数は，一般的に

$$h(x,y) = |M| \int_{-\infty}^{\infty} \int_{-\infty}^{\infty} P(\xi, \eta) \exp\{-i2\pi(x\xi + y\eta)\} d\xi d\eta \tag{5.37}$$

と，2 次元のフーリエ変換として再定義できる．ここまでは，すべて振幅について記述しているので，コヒーレントな光学系での議論であることに注意しよう．

◆ 5.4 レンズの開口数 ◆

結像系に限らずレンズを用いたときに，レンズによる像の明るさを表す指標としてレンズ開口数（NA）がしばしば用いられる．前節で示したように，レンズは開口関数 $P(x,y)$ で表される有限な開口を持つ．光が入射する側から見た開口絞りの像を入射瞳，出射側から見た絞りの像は出射瞳という．単一レンズの場合には，この両者は一致する．顕微鏡などでは，物体はほぼ対物レンズの前焦点距離の位置に置かれ，この物体を結像することになる．対物レンズの焦点距離を同じとすると，レンズ開口が大きいほど明るい像として試料を観察することができる．したがって，像の明るさの指標として，対物レンズの焦点距離とレンズ開口の大きさの比を考えるとよい．レンズの焦点距離を f，開口の半径を d とすると，開口数は

$$\mathrm{NA} = \frac{d}{f} \tag{5.38}$$

で定義される．この定義はガラスレンズなどが空気中に置かれたときの定義であり，レンズが光を集めることのできる能力であると考えることができる．

この考え方を一般化して，結像系に限らず光ファイバなどで光を集めることができる能力として考え，レンズあるいは光学素子に光を集めることができる角度を θ とすると

$$\mathrm{NA} = n \sin \theta \tag{5.39}$$

と再定義される。ここで，n はレンズを取り巻く媒質の屈折率と定義されるが，わざわざこの屈折率を導入しているのは，光ファイバなど屈折率が異なる媒質間の光の結合における NA が定義できるようにしているからである。また，レンズを使う場合にも，像拡大倍率を稼ぐために，屈折率が 1 より高い液体の中にレンズを浸けて使う場合があるからである。これをレンズの液浸という。NA がそれほど大きくなく，屈折率を $n=1$ とした場合には $\sin\theta \approx \theta \approx d/f$ となり，式 (5.38) と式 (5.39) は同じものであることがわかる。レンズを通した像の明るさは NA の 2 乗に比例し，NA が大きいほど明るいレンズということになる。$\lambda/\mathrm{NA}=\lambda f/d$ は，焦点上の点に対してレンズ開口による回折広がりを評価する値となっており，NA が 6 章で説明するレンズ分解能にも対応していることがわかる。

　NA の値の逆数として定義される

$$F=\frac{1}{2\mathrm{NA}}=\frac{f}{2d} \tag{5.40}$$

はレンズの F ナンバー（F-number）として知られており，カメラレンズなどでは，この値が使われている。すなわち，F ナンバーでは，その値が小さいほど明るく分解能が高いレンズという定義になっている。像の明るさは，レンズ開口の大きさのみによって決まるのではなく，焦点距離とのセットになっており，NA あるいは F ナンバーの値で決まるということに注意しておこう。

　レンズ開口から焦点面上を見た回折広がりは λ/NA 程度となることを述べたが，この値は焦点面内の値，すなわち面内分解能である。一方，レンズ分解能としては，光軸方向に関して軸方向にレンズが移動したときに像のボケが許容できる範囲である焦点深度 Δz というものが定義される。この値は，面内方向の分解能の 2 乗に比例し

$$\Delta z = 2n\frac{\lambda}{\mathrm{NA}^2} \tag{5.41}$$

と与えられる。すなわち，分解能を上げ像を明るくすると，レンズの光軸方向への移動は敏感になることがわかる。顕微鏡では試料がほぼ対物レンズの焦点

位置に置かれる。また，カメラレンズでも，撮像素子がほぼレンズ焦点位置にあり，これらの事情がそのまま当てはまるため，NA あるいは F ナンバーはこれらの光学系において頻繁に用いられる概念である。

▶▶ 演 習 問 題 ◀◀

5.1 式（5.18）を使い，$d_o=f$ とするとき，波面一定（$u(x,y)=1$）の波は，レンズの後方 $z=f$ となる 1 点に収束する光であることを示せ。

5.2 同様に式（5.18）を使い，$d_o=f$ において $u(x,y)=\delta(x,y)$ であるとき，レンズ出射後の波面は平面波となることを示せ。

5.3 式（5.32）を使い，円形開口を仮定し，点物体に対する像がどのようになるか計算せよ。

5.4 ニュートンの結像の関係式を用いて，レンズの焦点深度が式（5.41）で与えら得ることを示せ。

6 コヒーレンスと結像特性

5章で，波動光学的な取扱いにより，レンズによる波面変換と，レンズのフーリエ変換，レンズを用いた結像について調べた。その際，光を複素振幅として取り扱った。この取扱いでは，光のコヒーレンスに関して，時間的には瞬時におけるコヒーレント結像の場合について論じたことになっている。しかし，実際にわれわれが観測する量は，高速応答する光検出器を用いたとしても，光周波数で時間変化する信号についてはその平均値でしかない。その結果，照明光のコヒーレンスが結像特性に影響を及ぼすことになる。典型的には，レンズの結像において，コヒーレントな場合とインコヒーレントな場合とで，得られる像の分解能に差が発生することになる。本章では，コヒーレント系とインコヒーレント系とで，伝達関数が異なることを示し，その結果，照明条件により両者の結像特性に違いが出ることについて示そう。

◆ 6.1 コヒーレント結像系の伝達関数 ◆

われわれが光を最終的に評価するのは，通常その光強度である。光の周波数は 10^{15} Hz と非常に高く，現状では高速応答できる光検出器をもってしてもせいぜい 10^{11} Hz までの時間変化しか追従することはできない。光の振動を直接見る手だてをわれわれは持っていないのである。したがって，観測される量は光検出器の応答時間内の光の平均パワー，すなわち平均光強度である。われわれ人間の光検出器である目にいたっては，たかだか 0.1 秒くらいの時間内の光パワーの平均値を見ているにすぎない。したがって，5章では複素振幅として結像を論じたが，測定と合わせるために，最終的には平均した光強度として結像を評価しなければならない。ここに示すように，平均光強度の取扱いにおいては，物体の照明光がコヒーレントであるか，インコヒーレントであるかが重

6.1 コヒーレント結像系の伝達関数

要になる。

ここでは，物体の照明がコヒーレントである場合について考えよう。物体がコヒーレント光で照明されているときの複素振幅を $u_o(x_o, y_o)$ とおき，レンズを通したこの物体の像の複素振幅が $u_i(x_i, y_i)$ となるとしよう。このとき，5.3節で求めた点像の広がり関数を使い，両者の関係は

$$u_i(x_i, y_i) = \int_{-\infty}^{\infty}\int_{-\infty}^{\infty} h(x_i - x_o, y_i - y_o)\, u_o(x_o, y_o)\, dx_o dy_o \tag{6.1}$$

と書ける。ここで，積分の前に掛かる重要でない定数は省略した。この式は，物体とレンズによる点像広がり関数の畳込み積分として像が与えられることを示している。すなわち，すでに2.6節で述べたようにレンズをシステム関数として，物体と像が入出力の関係になっていることを示している。したがって，レンズによる結像は線形システムである。

式 (6.1) から瞬時光強度は

$$I_i(x_i, y_i) = |u_i(x_i, y_i)|^2 = \int_{-\infty}^{\infty}\int_{-\infty}^{\infty} h(x_i - x_o, y_i - y_o)\, h^*(x_i - x'_o, y_i - y'_o)$$
$$\times u_o(x_o, y_o)\, u_o^*(x'_o, y'_o)\, dx_o dy_o dx'_o dy'_o$$
$$\tag{6.2}$$

と計算される。以後，表記が煩雑になるので座標は特に混乱が起こらない限り座標変数は省略して記述することにする。ところで，式 (6.1) を導くにあたっては時間項を含めていないが，振幅のみで議論をしているときには，言わず語らずのうちに単一の周波数として光を考えていることにほかならない。コヒーレントな照明の場合には，周波数を ν として正確には物体側の光の振幅は

$$u_o(x_o, y_o, t) = u_o(x_o, y_o) \exp(-i2\pi\nu t - i\phi) \tag{6.3}$$

と書き表す必要がある。ここで，ϕ は光の初期位相であるが，実際にはこれも光の周波数変化よりは遅いが，時間的に変動する関数として取り扱う。したがって，これを $\phi(t)$ とおこう。

光周波数に関して時間平均をとって，平均光強度は

$$\bar{I}_i = \langle I_i \rangle \iiiint hh'^* u_o u_o'^* \langle \exp\{-i\phi(t) + i\phi'(t)\}\rangle d\sigma \tag{6.4}$$

となる。ダッシュの記号は，ダッシュがない記号と異なる空間座標であることを表している。また，σは全積分変数を表している。コヒーレントな照明の場合には，初期位相の間に一定の関係があり，$\langle\cdot\rangle$の平均操作は零でない定数となる。したがって，平均光強度は

$$\bar{I}_i \propto \iiiint hh'^* u_o u_o'^* d\sigma = \left|\iint h u_o dx_o dy_o\right|^2 = |u_i|^2 \qquad (6.5)$$

と書ける。すなわちコヒーレント照明の像は，コヒーレントな物体振幅から求められる像振幅の絶対値の2乗によって求められる。したがってコヒーレント照明下での点像の広がり関数としては，$h(x,y)$ だけを考えればよい。点像広がり関数 $h(x,y)$ の空間周波数面，すなわちフーリエ変換面で対応する関数

$$H(\nu_x, \nu_y) = \text{FT}[h(x,y)] \qquad (6.6)$$

はコヒーレント伝達関数（coherent transfer function）と呼ばれる。6.3節で示すように，このコヒーレント伝達関数は，レンズを用いた結像系においてはレンズ開口関数そのもので表される。

◆ 6.2 インコヒーレント結像系の伝達関数 ◆

コヒーレント照明によってできる像の光強度分布である式 (6.5) は，どの場合にも当てはまる当たり前の式のように思われるかもしれないが，実はごく特殊な例である。このことはインコヒーレントの像の光強度がどのように表されるかを見ると明らかになる。ここでは，インコヒーレント照明における像について考える。インコヒーレント照明の場合，像の瞬時光強度分布もやはり形式的に式 (6.2) のように書ける。ところで，インコヒーレント照明ではあるが，照明光のスペクトル幅が比較的狭く，その光周波数が平均値として $\bar{\nu}$ と表される場合，この周波数を使い物体側での光の振幅は式 (6.3) と同じ式で表される。したがって，像の平均光強度分布も式 (6.4) と同じ式である。しかし，インコヒーレント照明の場合には，今度は位相項 ϕ の間につねに一定の関係が保たれる保証はない。実際，熱光源などで光の位相が一定に保たれる時

間はせいぜい 10^{-8} 秒程度であり，この時間を超えた光の位相にはランダムな飛びが発生する．このため，それより遅い時間での平均強度では，ランダムな飛びによる時間平均を考える必要がある．また，同じ時間差での光の相関を考えても，熱光源の場合，光を発生する原子が異なる．すなわち，発光場所が異なると光の間には相関はなく，位相関係はランダムになる．

したがって，式（6.4）の平均値を表す位相の相関は，同じ場所から同じ時間で発生した光のみ位相が一致し，その他はランダムに位相関係が揺らぎ，それらの値が相殺されることから

$$\langle \exp\{i\phi(t) - i\phi'(t)\} \rangle = \delta(x_o - x'_o, y_o - y'_o) \tag{6.7}$$

となる．この関係を式（6.4）に代入すると，インコヒーレントな場合の光強度分布として

$$\bar{I}_i = \iint |h|^2 |u_o|^2 dx_o dy_o = \iint |h|^2 \bar{I}_o dx_o dy_o \tag{6.8}$$

を得る．ここで，$\bar{I}_o$ は物体の平均光強度分布である．すなわち，インコヒーレント照明でできる光強度分布は，コヒーレント照明の場合の式（6.5）とは異なり，物体の光強度分布と点像広がり関数の絶対値の2乗との畳込み積分として表されることがわかる．インコヒーレントな場合の点像広がり関数は $|h(x,y)|^2$ で表され，対応するインコヒーレント伝達関数（incoherent transfer function）は

$$G'(\nu_x, \nu_y) = \mathrm{FT}[|h(x_i, y_i)|^2] = H(\nu_x, \nu_y) * H^*(\nu_x, \nu_y) \tag{6.9}$$

で定義される．この関数のレンズ結像系における具体的形式については，次節以降で述べる．6.4節で例を示すが，コヒーレンスの違いは，生成される像の分解能に影響を及ぼす．

◆ 6.3　コヒーレントとインコヒーレント系の違い ◆

コヒーレント照明とインコヒーレント照明における像形成が異なることを前節までに見た．ここでは，それぞれの系における伝達関数という観点から違い

を明らかにしておこう。瞬時の複素振幅，あるいはコヒーレントな場合の物体と像の関係は，複素振幅で式 (6.1) と表せた。物体と像の振幅のフーリエ変換は，それぞれ

$$U_o(\nu_x, \nu_y) = \int_{-\infty}^{\infty}\int_{-\infty}^{\infty} u_o(x_o, y_o) \exp\{-i2\pi(\nu_x x_o + \nu_y y_o)\} dx_o dy_o \tag{6.10 a}$$

$$U_i(\nu_x, \nu_y) = \int_{-\infty}^{\infty}\int_{-\infty}^{\infty} u_i(x_i, y_i) \exp\{-i2\pi(\nu_x x_i + \nu_y y_i)\} dx_i dy_i \tag{6.10 b}$$

と書ける。これを使い，画像の入出力の関係式 (6.1) をフーリエ変換面で書くと

$$U_i(\nu_x, \nu_y) = H(\nu_x, \nu_y) U_o(\nu_x, \nu_y) \tag{6.11}$$

と表すことができる。$H(\nu_x, \nu_y)$ は，点像の広がり関数のフーリエ変換，すなわちコヒーレント伝達関数である。以下，2章の定義と同様に，大文字の関数は，それぞれ対応する小文字の関数のフーリエ変換を表すものとする。物体と振幅の間の関係が式 (6.1) のような畳込み積分で表せたので，フーリエ変換面では式 (6.11) からもわかるように，点像広がり関数と物体関数のそれぞれのフーリエ変換の積の形で像のフーリエ変換が与えられる。式 (6.11) を見ると，例えば出力像のフーリエ変換がわかっており，また光学系の伝達関数が与えられると，$H(\nu_x, \nu_y)$ が零となるところ以外では元の像のフーリエ変換がわかることになる。したがって，点物体に対し結像による広がりがあっても，計算により入力物体あるいは画像を正しく再生できることになる。コヒーレント結像の場合に観測される光強度分布は，6.1節の結果から

$$I_i(x_i, y_i) = |u_i(x_i, y_i)|^2 = |h(x_i, y_i) * u_o(x_i, y_i)|^2 \tag{6.12}$$

と書ける。したがって，そのフーリエ変換である光強度スペクトルを $\tilde{I}_i(\nu_x, \nu_y)$ で表すと

$$\begin{aligned}\tilde{I}_i(\nu_x, \nu_y) &= \mathrm{FT}[|h(x_i, y_i) * u_o(x_i, y_i)|^2] \\ &= \{H(\nu_x, \nu_y) U_o(\nu_x, \nu_y)\} \otimes \{H^*(\nu_x, \nu_y) U_o^*(\nu_x, \nu_y)\}\end{aligned} \tag{6.13}$$

と計算できる。ここで，$\otimes$ は相関演算を表す。

点像広がり関数は式（5.37）で与えられるので，この式をフーリエ変換することにより，レンズ開口関数を用いると，対応する伝達関数は

$$H(\nu_x, \nu_y) = \mathrm{FT}[h(x,y)] = \mathrm{FT}[\mathrm{FT}[P(\nu_x, \nu_y)]] = P(-\lambda d_i \nu_x, -\lambda d_i \nu_y) \tag{6.14}$$

と書けることがわかる。式（6.14）で，重要でない定数は省略した。すなわち，コヒーレント照明における伝達関数は，形としてはレンズの開口そのものにほかならない。円形開口を仮定した理想的なレンズによる結像では，レンズ開口内でその情報伝達が一様であるため，図 6.1 に示すようになる。

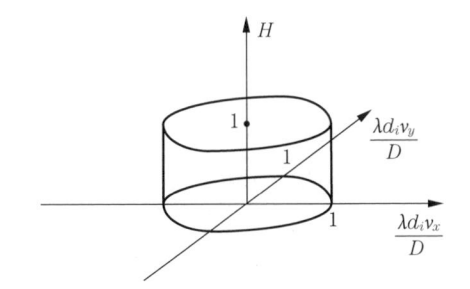

図 6.1 円形開口理想レンズのコヒーレント伝達関数

この図で，D はレンズの開口径である。したがって，理想的なレンズでの結像では，その複素振幅に対しては，周波数構造の伝達という意味において，レンズの空間周波数成分はすべて等しい重みで透過し，ひずみのない低域フィルタを通したものとして結像されることになる。しかし，一般にはレンズ収差等があるため，式（6.14）の伝達関数はレンズ開口面で振幅透過率が一様とはならず，またレンズを透過する光線の位置座標に依存した位相のひずみも発生する。したがって，情報の伝送という観点からは，現実の結像は理想の結像系とした場合に比べ劣化することになる。

インコヒーレントの場合には，直接式（6.1）を用いた議論はできない。このとき用いるべき式は，式（6.8）である。入力，出力は光強度である。コヒーレントの場合には振幅を取り扱ったが，インコヒーレントの場合は光強度についての議論である。この振幅と光強度の取扱いのそれぞれの結果の比較については 6.4 節で述べる。式（6.8）を周波数空間で書いてみよう。この式では，

実空間での光強度変数の上にバーを付けて平均強度であることを表したが，バーを省略して，以下では断らない限り光強度は平均強度であるとしよう。インコヒーレントな像強度は，物体光強度とコヒーレント伝達関数の絶対値の2乗との畳込み積分で表されるので，この関係はフーリエ変換面で

$$\tilde{I}_i(\nu_x,\nu_y) = \mathrm{FT}[|h(x_i,y_i)|^2]\tilde{I}_o(\nu_x,\nu_y) \qquad (6.15)$$

と表される。$G'(\nu_x,\nu_y) = \mathrm{FT}[|h(x_i,y_i)|^2]$ は容易に計算することができ

$$\begin{aligned}
G'(\nu_x,\nu_y) &= \mathrm{FT}[h(x_i,y_i)h^*(x_i,y_i)]\\
&= H(\nu_x,\nu_y) \otimes H^*(\nu_x,\nu_y)\\
&= \int_{-\infty}^{\infty}\int_{-\infty}^{\infty} H(\xi,\eta)H^*(\xi-\nu_x,\eta-\nu_y)\,d\xi d\eta \qquad (6.16)
\end{aligned}$$

となる。

インコヒーレントな結像における伝達関数式 (6.16) は，コヒーレント伝達関数 H の自己相関関数，すなわちレンズの瞳関数の相関であることを示している。式 (6.16) を規格化した関数

$$G(\nu_x,\nu_y) = \frac{G'(\nu_x,\nu_y)}{G'(0,0)} = \frac{\int_{-\infty}^{\infty}\int_{-\infty}^{\infty} H(\xi,\eta)H^*(\xi-\nu_x,\eta-\nu_y)\,d\xi d\eta}{\int_{-\infty}^{\infty}\int_{-\infty}^{\infty} |H(\xi,\eta)|^2 d\xi d\eta}$$

$$(6.17)$$

は，インコヒーレント系における光学的伝達関数，あるいはOTF（optical transfer function）と呼ばれる。OTFの意味するところについては，6.6節において再度述べる。インコヒーレント結像の場合に観測される光強度分布は，式 (6.8) から

$$I_i(x_i,y_i) = |u_i(x_i,y_i)|^2 = |h(x_i,y_i)|^2 * |u_o(x_i,y_i)|^2 \qquad (6.18)$$

と書ける。したがって，そのフーリエ変換面である光強度スペクトル $\tilde{I}_i(\nu_x,\nu_y)$ は

$$\tilde{I}_i(\nu_x,\nu_y) = \{H(\nu_x,\nu_y) \otimes H^*(\nu_x,\nu_y)\} \cdot \{U_o(\nu_x,\nu_y) \otimes U_o^*(\nu_x,\nu_y)\}$$

$$(6.19)$$

と計算できる。この式とコヒーレント結像の光強度スペクトル式 (6.13) を比

べると，明らかに異なっていることがわかる。

例として，円形開口を持つ理想レンズ（収差のないレンズ）のOTFを計算してみよう。直径Dの円形開口は

$$P(\nu_x, \nu_y) = \text{circ}\left(\lambda d_i \frac{\sqrt{\nu_x^2 + \nu_y^2}}{\frac{D}{2}}\right) \tag{6.20}$$

と表すことができる。3章で，円形開口の計算でハンケル変換の式を導いた。その関係をここでも使い，空間周波数を極座標に変換し，$\rho = \sqrt{\nu_x^2 + \nu_y^2}$ とおくと，OTFは

$$G(\nu_x, \nu_y) = \frac{2}{\pi}\left\{\cos^{-1}\left(\frac{\rho}{2\rho_0}\right) - \frac{\rho}{2\rho_0}\sqrt{1 - \left(\frac{\rho}{2\rho_0}\right)^2}\right\} \quad (\rho \leq 2\rho_0) \tag{6.21}$$

と計算できる。ここで，$\rho_0 = D/(2\lambda d_i)$ はインコヒーレント伝達関数のカットオフ周波数である。すなわち，インコヒーレント結像におけるカットオフ周波数はコヒーレント伝達関数の2倍の周波数を持つことになる。**図6.2**はこれを表したものである。

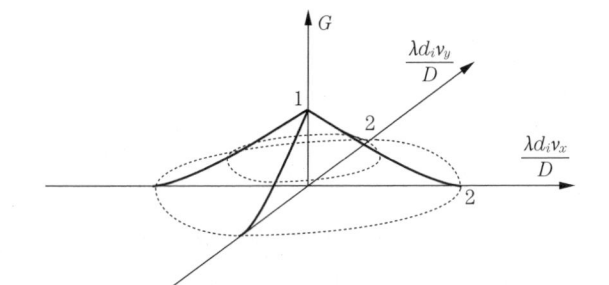

図6.2 円形開口理想レンズのインコヒーレント伝達関数

矩形開口の理想的1次元OTFは周波数が高くなるにつれて一様に減少する関数であるが，これに対し円形開口の場合は，理想的な場合であっても矩形開口の場合に比べ速やかに減少する関数となる。コヒーレント，インコヒーレントのそれぞれの関係における光の振幅と光強度，それらのフーリエ変換の関係をまとめたものが，**表6.1**である。表では，説明簡略化のため，座標は1次元としてまとめている。

6. コヒーレンスと結像特性

表 6.1 コヒーレント，インコヒーレント結像の関係

項 目	コヒーレント	インコヒーレント
インパルス応答	$h(x)$	$\|h(x)\|^2$
伝達関数	$H(\nu_x)$	$H(\nu_x) * H^*(\nu_x)$
像振幅	$h(x) * u_o(x)$	—
像振幅スペクトル	$H(\nu_x) U_o(\nu_x)$	—
像強度	$\|h(x) * u_o(x)\|^2$	$\|h(x)\|^2 * \|u_o(x)\|^2$
像強度スペクトル	$\{H(\nu_x) U_o(\nu_x)\}$ $\otimes \{H^*(\nu_x) U_o^*(\nu_x)\}$	$\{H(\nu_x) \otimes H^*(\nu_x)\} \cdot \{U_o(\nu_x) \otimes U_o^*(\nu_x)\}$

◆ 6.4 コヒーレントとインコヒーレント結像の例 ◆

　結像においては，実際に観測されるのは，光の振幅ではなく光強度であることを述べた．インコヒーレントな結像においては，光の振幅ではなく最初から光強度を用いた．ここでは，コヒーレントな結像の場合についても観測量である光強度としたときの評価をすることにより，インコヒーレントな場合と比較してみよう．ここでは，1次元で考え，レンズは1次元理想レンズとし，ある周波数構造を持つ二つの物体の場合について考えてみよう．二つの場合について，結像レンズの開口関数は同じとし，そのカットオフ周波数を ν_0 とする．物体の光に対する複素振幅透過率として

$$u_a(x_o) = \cos(2\pi\nu x_o) \tag{6.22 a}$$

$$u_b(x_o) = |\cos(2\pi\nu x_o)| \tag{6.22 b}$$

の二つを考える．この二つの物体の基本空間周波数は，**図 6.3**（a）と（b）に示すようにそれぞれ ν と 2ν であり，倍の差がある．ここで，周波数 ν につ

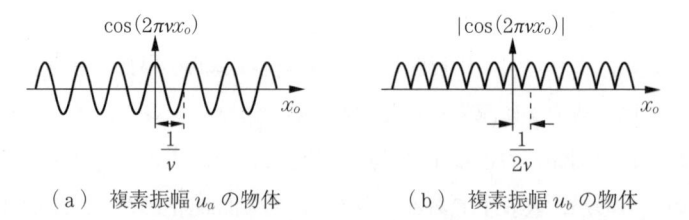

（a）複素振幅 u_a の物体　　　（b）複素振幅 u_b の物体

図 6.3　二つの物体の基本空間周波数

6.4 コヒーレントとインコヒーレント結像の例

いてレンズの伝達関数のカットオフ周波数 ν_0 との間に，$\nu_0/2 < \nu < \nu_0$ の関係があると仮定しておこう．式 (6.22 a) と式 (6.22 b) では振幅で見ると倍の周波数差があるが，光強度として見ると二つの物体は $\cos^2(2\pi\nu x_o)$ であり，同じになることに注意しておく．式 (6.22 a) の周波数構造は計算するまでもないが，そのフーリエ変換は

$$U_a(\nu_x) = \mathrm{FT}[u_a(x_o)] = \frac{1}{2}\{\delta(\nu_x - \nu) + \delta(\nu_x + \nu)\} \tag{6.23 a}$$

となり，空間周波数は±の符号は付くが，唯一 ν の成分を持つことがわかる．一方，式 (6.22 b) の入力像のスペクトルは，この式を繰返しの関数としてフーリエ級数展開し，さらにフーリエ変換することにより

$$U_b(\nu_x) = \mathrm{FT}[u_b(x_o)] = \frac{2}{\pi}\sum_{n=-\infty}^{\infty}\frac{(-1)^n}{1-(2n)^2}\delta(\nu_x - 2n\nu) \tag{6.23 b}$$

となる．スペクトルは，基本空間周波数を 2ν として，その高調波成分として展開できる．

コヒーレント系における結像において，像強度スペクトルの最終評価として式 (6.13) の光強度のフーリエ変換を用いる．一方，インコヒーレント系における結像は，評価式は式 (6.19) となることを見た．これらの式からもわかるように，コヒーレント系とインコヒーレント系では，光強度としての評価すべき空間周波数についての式が異なる．最初に，物体の光振幅透過率分布が式 (6.22 a) で表すことができる場合を考えよう．図 6.4 (a) はコヒーレントな場合の結像を空間周波数で表したものである．図 6.4 (a) の一番上の図は，物体の振幅スペクトル U_a である．図の中央は，結像レンズの伝達関数 H を示している．コヒーレント系での結像における観測光強度のスペクトルは，式 (6.13) より一番下の図のようになる．

一方，インコヒーレント系では，物体の振幅スペクトルの相関すなわち強度スペクトル $U_a \otimes U_a^*$ は図 6.4 (b) の一番上の図で表される．また，インコヒーレント系の OTF は図 6.4 (b) の中央に示すようになるから，強度スペクトルと OTF を掛け合わせ，式 (6.19) の観測像強度スペクトルは一番下の

106   6. コヒーレンスと結像特性

(a) コヒーレント　　　　　　(b) インコヒーレント

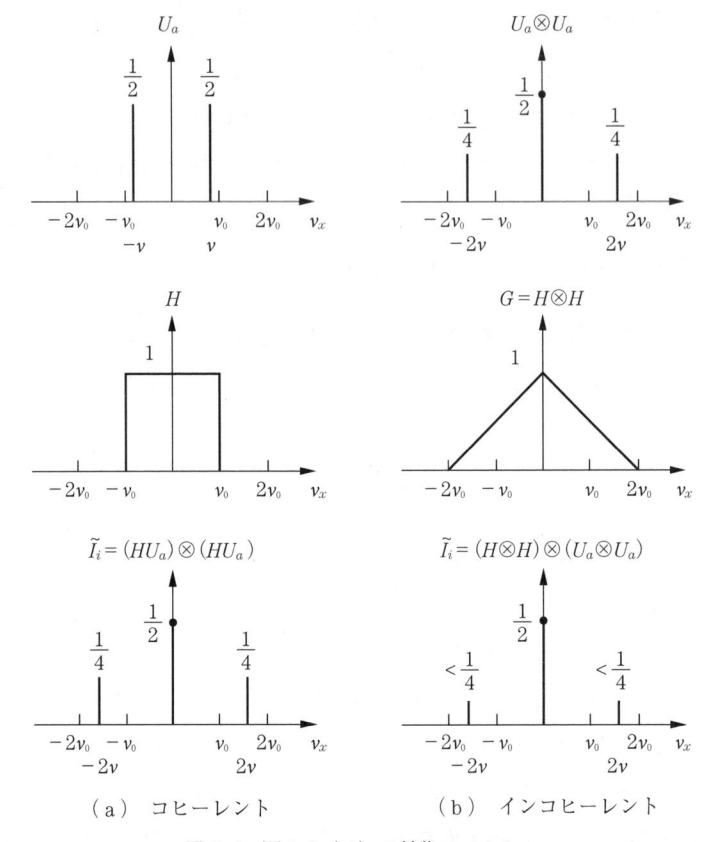

図6.4 図6.3 (a) の結像スペクトル

図のようになる。

これを見ると，コヒーレントの場合とインコヒーレントの場合でも同様に像が再生されるように見える。しかし，その周期構造成分の空間周波数パワーは，コヒーレントの場合のほうがインコヒーレントの場合よりも大きく，この例ではコヒーレントの場合のほうが優れている結像となっていることがわかる。

次に，物体の光振幅透過率分布が式 (6.22 b) で表すことができる場合を考えよう。このとき，**図6.5** (a) に示すように，元々物体の基本空間周波数は 2ν であるので，物体周波数はレンズのカットオフ周波数の外にある。したがって，コヒーレント結像においては，レンズを用いても物体の情報を得ること

6.4 コヒーレントとインコヒーレント結像の例

（a）コヒーレント　　　　　（b）インコヒーレント

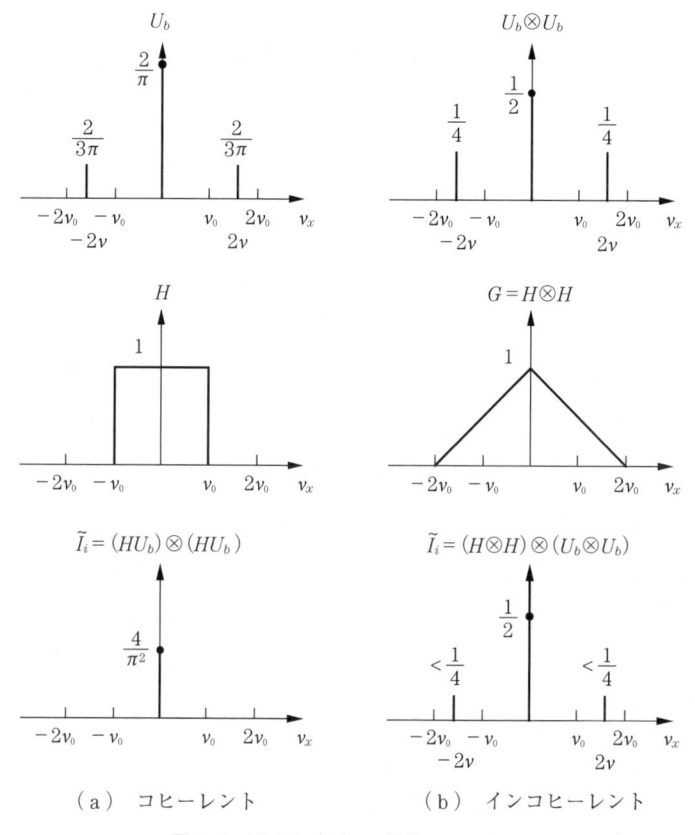

図 6.5　図 6.3（b）の結像スペクトル

はできない．一方，インコヒーレント照明下においては，物体の光強度スペクトル $U_b \otimes U_b^*$ は，図 6.4（b）と同じく図 6.5（b）の一番上の図のように表される．インコヒーレント系の OTF は図 6.5（b）の中央の図のようであるから，これと光強度スペクトルを掛け合わせて，物体の像強度スペクトルは図 6.5（b）の一番下の図のように得られる．すなわち，式（6.22 b）のような物体は，コヒーレント系においては像情報を得ることはできないが，インコヒーレント系では像情報を得ることができる．これは，容易に気付くように，インコヒーレント系では式（6.22 a），（6.22 b）いずれにおいても，その物体の振幅相関関数すなわち光強度スペクトル $U_b \otimes U_b^*$ は

$$\mathrm{FT}[\cos^2(2\pi\nu x_o)] = \mathrm{FT}[|\cos(2\pi\nu x_o)|^2]$$
$$= \frac{1}{2}\delta(\nu_x) + \frac{1}{4}\{\delta(\nu_x - 2\nu) + \delta(\nu_x + 2\nu)\} \quad (6.24)$$

となり，振幅分布では異なる形をしていても，光強度スペクトルとしては両者が同じになるからである。

このように，コヒーレントな場合とインコヒーレントな場合の結像において，形成される像の分解能に違いがあることがわかった。コヒーレントな場合では，像の情報は振幅としてはレンズ開口の周波数帯域成分まで劣化することなく伝達でき，その結果インコヒーレントな場合に比べ大きなパワースペクトル比を得ることができた。すなわち，レンズ開口で決まる周波数成分までの物体空間情報伝送については，コヒーレント系のほうがインコヒーレント系よりも優位である。しかし，伝送できるスペクトルパワーは劣るものの，インコヒーレント照明においては，振幅で見たレンズカットオフ周波数を超えて物体の空間周波数情報を伝送できる。したがって，どのような情報が必要かによって，採用する照明系を変えればよいことになる。すなわち限られた周波数帯でより鮮明な像を得たい場合にはコヒーレント照明系を使えばよい。

また，像の鮮明度よりはとにかく細かいところまでの情報を得たい場合には，インコヒーレント照明系が有利である。実際，顕微鏡においては照明の際に，照明光の絞りの大きさを変化させ，実効的な空間コヒーレンスを制御することが行われている。

では，なぜこのようなことが起こるかについて，簡単に説明しておこう。図6.6に示すように，レンズの結像においてコヒーレントな照明を使うと，2点物体が近接してあるとき，それぞれの点像の光の振幅の干渉が顕著になる。このためコヒーレント系では近接2点の像が明確に2点として認識されなくなる。一方，インコヒーレント照明では，2点物体が近づいていても，それぞれの干渉のない光強度の和であるため，コヒーレント照明のときに比べ2点の分離度がよいということになる。このために，インコヒーレント照明のほうがより細かい構造を見ることができることになる。図では，コヒーレント，インコ

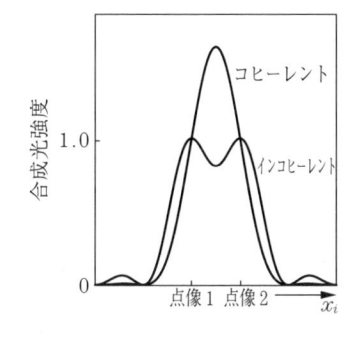

図 6.6 2点物体の合成光強度

ヒーレント照明下での結像において，2点物体は同じ間隔で結像レンズの分解能にきわめて近い間隔で存在していると仮定した。

　ここでは，瞳関数であるレンズ開口関数は理想的なものとした。しかし，実際にはレンズには収差があり，また画像伝送系として考えたときの物体と像との関係におけるシステム関数としては，ひずみの項を考慮する必要がある。このような結像においては，当然得られる像強度スペクトルは，図 6.4 あるいは図 6.5 の例で見たような場合よりも，像情報部分のスペクトル成分の大きさは小さくなる。このような場合には，収差のないレンズの開口関数を $P_0(x,y)$ として，収差のある瞳関数

$$P(x,y) = P_0(x,y) \exp\{ikW(x,y)\} \tag{6.25}$$

を使う必要がある。ただし，式(6.25)では吸収のない光学系を考え，$W(x,y)$ は位相のみに影響を及ぼす収差関数とした。位相ひずみを考えると，式 (6.25) を使って計算される OFT は一般に複素数となることに注意しておこう。

6.5 レンズの分解能

　2点物体が接近しているときに，その間隔がある距離以内に入ると，2点物体の認識が難しくなることについては前節で述べた。理想的なレンズによる結像で，点が点として投影されるのであればこのようなことは起こらないが，実際には，結像において物体の像は空間的に帯域制限されており，点物体であっ

てもある広がりのある像として結像する。そこで，結像系において，その系がどの程度まで点物体を像として区別して認識できるかの指標を定義しておく必要がある。レンズを用いた場合の分解能はOTFについて定義されるため，基本的にインコヒーレント結像に関する定義である。したがって，分解能あるいは解像力とは，インコヒーレント系で光学系がどの程度まで細かな物体を解像できるかの指針を与えるものとして考えるとよい。

レンズとして円形開口を仮定すると，式 (3.33) から収差のない理想レンズによる点物体の結像光強度分布は

$$I(x_i, y_i) = I_0 \left\{ \frac{2J_1\left(\frac{kD\rho}{d_i}\right)}{\frac{kD\rho}{d_i}} \right\}^2 \tag{6.26}$$

で与えられる。ここで，I_0 は光強度の比例定数，D はレンズ直径，d_i はレンズから結像面までの距離，$\rho = \sqrt{x_i^2 + y_i^2}$ である。このエアリーディスクのサイズは

$$\rho_0 = 1.22 \frac{\lambda d_i}{D} \tag{6.27}$$

で与えられるが，これを点光源物体の結像面での大きさとしよう。ここで，レンズ分解能に関連して，参考までに結像面上の1点は物体面のどのような領域からの積算として考えればよいかということに言及しておこう。結像面から見た物体面の点像の広がりは，レンズの結像倍率 $|M| = d_i/d_o$ を使い

$$r_0 = 1.22 \frac{\lambda d_i}{D} \frac{1}{|M|} = 1.22 \frac{\lambda d_o}{D} \tag{6.28}$$

と書ける。すなわち，結像面の1点は，物体面で r_0 の領域からの光を集めた結果の強度分布になるということができる。

さて，レンズ分解能であるが，2点物体の距離が相当離れているときには，二つのエアリーディスクが離れて像面で存在するため，2点の分離は明確である。しかし，この距離が近づくにつれ，2点物体の強度分布は重なり，図6.6に示したような「インコヒーレント」の場合の合成光強度分布となる。この図の例ではまだ二つピークがあることがわかるが，さらに物体の距離が近づく

と，強度分布は一つのピークを持つプロファイルとなり，2点物体の間隔は明確ではなくなる。そこで，二つのピークが認識できる距離 $\Delta\rho$ として，式(6.27)を使い

$$\Delta\rho = \rho_0 \tag{6.29}$$

と定義してみよう。このとき，実際に二つのピークは図6.6に示したインコヒーレント合成強度の分布のようになる。二つのピーク値に対する中央部の光強度の低下はおおよそ20％となり，かろうじて元の物体が2点であったことが認識可能となる。この判定条件はレイリー（Rayleigh）の解像限界と呼ばれている。また，$1/\Delta\rho=1/\rho_0$ をレンズの解像力といい，単位長さ当りにどのくらい細かい線を分解できるかの指標として解像力が用いられる。

円形開口を使うと，開口の大きさが与えられ結像までの距離が決まれば，エアリーディスク径が決まり，分解能が唯一決まる。レンズ開口をそのままにして，解像度を上げる工夫はないものだろうか。解像度を上げるためには，とりあえずエアリーディスクサイズを小さくできればよい。実際，そのようなことができる。代表的な例は，円形開口の中心部に開口径よりも小さい遮へい板を置くものである。いま，遮へい板を**図 6.7** に示す円形として，その直径を εD ($\varepsilon < 1$) としてみよう。このような環状のレンズ開口による点光源から結像面への回折光強度分布は

$$I(x_i, y_i) = I_0 \left\{ \frac{2J_1\left(\frac{kD\rho}{d_i}\right)}{\frac{kD\rho}{d_i}} - \varepsilon^2 \frac{2J_1\left(\frac{k\varepsilon D\rho}{d_i}\right)}{\frac{k\varepsilon D\rho}{d_i}} \right\}^2 \tag{6.30}$$

と計算できる。この光強度分布を図6.7に示した。

これによると，エアリーディスクに対応する大きさは，環状開口の場合に小さくすることができる。したがって，解像度の点では通常の開口に比べ向上できたことになる。しかし，回折光の第2ピークは，通常の場合よりも大きくなり，周辺に光が回折していることがわかる。また，遮へい板を置くことにより，大幅に光量の損失が発生し，像が暗くなる。実際の結像ではこのような周辺に光の回折が起こることは好ましくない場合もあるが，解像度の向上だけを目的

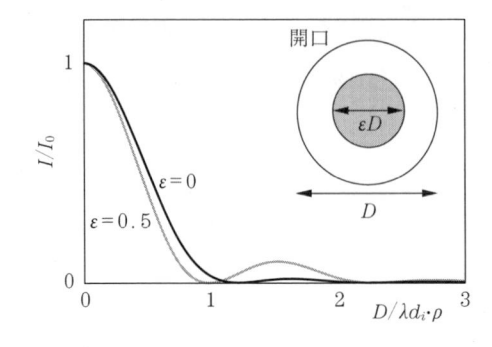

図 6.7　超解像の光強度分布

とする場合にはこのような手段も考えられる．この方法はアポディゼイション（apodization），あるいは超解像と呼ばれ，このほかにも通常の解像度を超えてより詳細に像を見ようとするさまざまな試みがなされている．

◆ 6.6　変調伝達関数 ◆

　コヒーレントとインコヒーレント照明における画像の伝送能力としての分解能について前節で述べた．画像の取扱いは，通常インコヒーレント照明下において行われる．レンズによる結像に限らず画像を伝送したとき，画像がなんの劣化もなく伝送されることが望ましい．しかし，すでに見たようにレンズの有限な大きさによって結像される像の分解能は劣化する．のみならず，画像は撮像素子によって電子情報として記録され，さらに圧縮されるなどして通信ネットワークで伝送され，最終的にまた画像表示装置により再生されて画像として表示されることになる．このような画像伝送系は光強度の伝送であり，これまでに見たところのインコヒーレント伝送系の拡張でもある．インコヒーレント伝送系における画像伝送の質を評価するために，元々レンズによる結像評価として使われている変調伝達関数（MTF：modulation transfer function）という考え方を応用することができる．

　インコヒーレント系の結像では，レンズ開口の大きさのみならずその収差によって，本来の理想的な像からの劣化が生じる．このずれは，一般的に画像の

細かさすなわち空間周波数の大きさに比例して劣化していく。画像の空間周波数が大きくなる（画像が細かくなる）に従い，画像伝送によりいわゆる画像のコントラスト（ビジビリティあるいは鮮明度）が低下する。ここでは，画像のコントラストの定義として，式（4.4）の干渉じまに対して定義した光強度に対する鮮明度

$$V = \frac{I_{\max} - I_{\min}}{I_{\max} + I_{\min}} \tag{6.31}$$

を使おう。

いま，物体を1次元物体とし，余弦波で周期的（周波数 f_o）に変調（変調度 m）された画像

$$I_o(x_o) = 1 + m\cos(2\pi f_o x_o) \tag{6.32}$$

を考え，これをレンズなどにより結像，あるいは画像の伝送系を含めた結像として出力したときに，式（6.31）で定義されるコントラストが入力側と出力側でどのようになるかを比較する。すなわち，変調された画像の伝達関数 MTF を

$$\mathrm{MTF} = \frac{\text{出力像のコントラスト}}{\text{入力像のコントラスト}} \tag{6.33}$$

で定義する。入力像のコントラストは式（6.32）の画像の定義より

$$V_o = m \tag{6.34}$$

である。

一方，出力のコントラストはすぐには求めることはできない。ここでは，レンズなどを含むすべての画像伝送系のインコヒーレント点像広がり関数を $|h(x)|^2$ として，出力となる画像の光強度分布

$$I_i(x_i) = |h(x_i)|^2 * I_o(x_i) \tag{6.35}$$

から始めて，式（6.32）の入力に対する出力がどのようになるかを考える。ところで，式（6.32）は

$$I_o(x_o) = 1 + \frac{m}{2}\{\exp(i2\pi f_o x_o) + \exp(-i2\pi f_o x_o)\} \tag{6.36}$$

と変形できるので，これを式（6.35）に代入して

$$I_i(x_i) = \int_{-\infty}^{\infty} |h(x_o)|^2 dx_o + \frac{m}{2}\exp(i2\pi f_o x_i)\int_{-\infty}^{\infty} |h(x_o)|^2 \exp(-i2\pi f_o x_o)\,dx_o$$

$$+ \frac{m}{2}\exp(-i2\pi f_o x_i)\int_{-\infty}^{\infty} |h(x_o)|^2 \exp(i2\pi f_o x_o)\,dx_o$$

$$= \int_{-\infty}^{\infty} |h(x_o)|^2 dx_o + \frac{m}{2}[\exp(i2\pi f_o x_i)H(x_i)\otimes H^*(x_i)$$

$$+ \{\exp(i2\pi f_o x_i)H(x_i)\otimes H^*(x_i)\}^*] \tag{6.37}$$

を得る。コヒーレント伝達関数の相関は $H(x_i)\otimes H^*(x_i)$ であるので、これを振幅と位相項に分けて $H(x_i)\otimes H^*(x_i) = |H\otimes H^*|\exp(i\phi_h)$ とおくと、式 (6.37) は

$$I_i(x_i) = \int_{-\infty}^{\infty} |h(x_o)|^2 dx_o + m|H(x_i)\otimes H^*(x_i)|\cos(2\pi f_o x_i + \phi_h)$$

$$\tag{6.38}$$

と書ける。出力像は、第 1 項を直流成分とし、第 2 項の cos 関数に掛かる項が変調度となる余弦変調された像となることがわかる。ただし、式 (6.38) で cos の位相が ϕ_h だけ移動していることに注意しよう。式 (6.38) から、出力像のコントラストは

$$V_i = m\frac{|H(x_i)\otimes H^*(x_i)|}{\int_{-\infty}^{\infty} |h(x_o)|\,dx_o} \tag{6.39}$$

と計算できる。ここでは、1 次元物体に対して計算したが、2 次元物体にも容易に拡張でき、式 (6.33) で定義される 2 次元 MTF は

$$\mathrm{MTF} = \frac{V_i}{V_o} = \frac{|H(x_i,y_i)\otimes H^*(x_i,y_i)|}{\int_{-\infty}^{\infty}\int_{-\infty}^{\infty} |h(x_o,y_o)|\,dx_o dy_o}$$

$$= \frac{\left|\int_{-\infty}^{\infty}\int_{-\infty}^{\infty} H(\xi,\eta)H^*(\xi-x_i,\eta-y_i)\,d\xi d\eta\right|}{\int_{-\infty}^{\infty}\int_{-\infty}^{\infty} |H(\xi,\eta)|^2 d\xi d\eta} \tag{6.40}$$

となる。すなわち、MTF はコヒーレント伝達関数の自己相関関数を規格化した関数として与えられる。ところで、式 (6.17) でインコヒーレント照明にお

6.6 変調伝達関数

けるOTFを定義したが，MTFはOTFの絶対値であることがわかる。

式(6.40)からわかるように，レンズなど収差要因がある光学系，画像伝送系は，理想的な場合に比べMTFの値は小さくなる。また，理想的なレンズ結像系についてのMTFは，式(6.21)からもわかるように，出力像のスペクトル面で考えると，画像の細かさ，すなわち空間周波数が大きくなるにつれてカットオフ周波数（$2\nu_0$）に向かって減少し，カットオフ周波数で零となる。

図6.8は，円形開口を持つ理想レンズの結像におけるMTFを表したものである。空間構造の細かさの程度を表す指標として，3章で空間周波数という概念を導入した。MTFはこの空間周波数構造の指標と一致するものである。空間周波数は，空間的に1 mm当り何本の線を分解できるかという指標である〔lp/mm〕という単位を用いた。同様に，MTFの評価関数として，1 mm当りの周波数に換算したこの〔lp/mm〕という単位が通常用いられる。

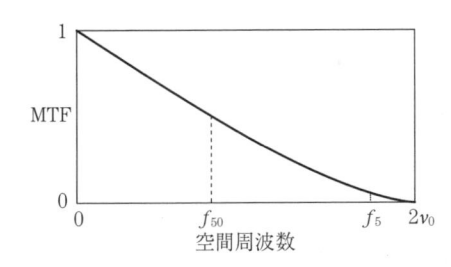

図6.8　円形開口を持つ理想レンズの結像におけるMTF

すでに述べたように，画像のMTFは一般に周波数に対して減少関数であるが，画像伝送における空間周波数伝送能力として，MTFが零となる空間周波数の値に対して50％（f_{50}）あるいは5％（f_5）のMTFの値になる〔lp/mm〕で定義する空間周波数を，その画像伝送における画像伝送周波数として参照することが多い。例えば，レンズを用いたインコヒーレント結像で，50％MTFが50本の線の組（すなわち10 μm幅の白黒交互の線）として分解できるとき，このレンズのMTF性能は50 lp/mmであるという。

演習問題

6.1 コヒーレント照明における光強度スペクトル分布は式 (6.13) と計算されることを示せ。

6.2 インコヒーレント照明における光強度スペクトル分布は式 (6.19) と計算されることを示せ。

6.3 円形開口の OTF は式 (6.21) で計算できることを示せ。

6.4 式 (6.22) の振幅物体のスペクトルは，式 (6.23) のように展開して表されることを示せ。

6.5 式 (6.25) を使い，収差のあるレンズの OTF の絶対値は，(x,y) の座標のどの位置においても理想レンズの場合に比べて小さい値となることを示せ。

6.6 幅 d の開口の理想レンズについて，1次元として MTF を計算し，その5% MTF となる周波数を計算せよ。

7 フォトニック・フィルタリングとフォトニクス情報処理

　フォトニクスで用いられるフーリエ変換をはじめとする光学的なアナログ変換処理では，使う光学素子によっては演算精度が十分に得られない場合もある。しかし，光は本来並列処理向きであり，これを用いることにより大容量高速処理が可能になる。光を使った情報操作の考え方は，現在主流となっているディジタル計算機の情報処理よりも長い歴史があり，その潜在的処理能力には高いものがある。しかし，現状ではまだ十分な性能の実時間フォトニクス情報処理デバイスが開発されておらず，その能力を発揮できないでいる。フォトニクス情報処理デバイスについては9章で学ぶことにして，本章ではフォトニック・フィルタリングとそれを応用したフォトニクス情報処理の方法について学ぶ。

◆ 7.1 フォトニクス情報処理における基本演算 ◆

　画像の四則演算はフォトニクス処理においても基本となる。実際，画像を足し算したり引き算したりするだけであれば，画像の大きさにもよるが，ディジタル計算機を用いてもかなり高速な処理ができる。しかし，フォトニック・フィルタリングやフォトニクス処理の前段階として，画像の和や差などを光学的に計算する必要がある。ここでは，光学的な四則演算の例について述べよう。ここでの結果は，すべてレーザ光のようなコヒーレントな光で照明されている画像間の演算についてである。

　図 7.1 に示すように，画像の振幅透過率分布 $f_1(x,y)$，$f_2(x,y)$ がそれぞれ平面波で照明され，ハーフミラーによって結合され，レンズで結像されるとする。このとき，二つの画像に対する照明光の位相差が零であれば，画像の和 $f_1(x,y)+f_2(x,y)$ が，またその位相差が π であれば差 $f_1(x,y)-f_2(x,y)$ が

7. フォトニック・フィルタリングとフォトニクス情報処理

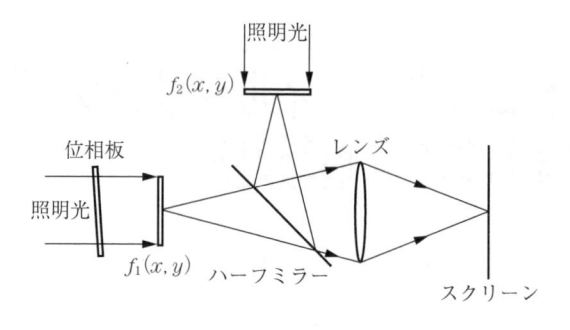

図 7.1 画像の和と差の演算光学系

結像位置に形成される。

振幅の和，差は，和または差をとるそれぞれの画像に対して2回，ホログラムとして記録（二重露光）することによっても計算することができる（ホログラフィについては8章で述べる）。このときには，ホログラムにメモリとして画像の和あるいは差が記録され，ホログラムを再生することによって，和あるいは差の結果の画像が再生される。

画像の積は，光学的には二つの画像を重ね合わせて，それをレンズにより結像すればよい。しかし，実時間で電子的な表示素子に表示された画像を用いる場合には，同一場所での画像の重ね合わせは容易ではない。そこで，画像の掛け算においては，図7.2に示すような光学系が用いられる。第1画像 $f_1(x,y)$ は平面波で照明され，同じ焦点距離を持つ二つのレンズによって画像 $f_2(x,y)$ の置かれている面に結像される。ここで，レンズ2枚の結像を用いた理由は，レンズ1枚では画像 $f_2(x,y)$ の面で画像 $f_1(x,y)$ のみではなく収束する球面波の項が残り，後のレンズによる結像に影響を及ぼすからである。

画像 $f_2(x,y)$ が置かれた面の直後において，光の振幅は $f_1(x,y) \cdot f_2(x,y)$ となる。これをもう1枚のレンズを通して結像すれば，画像の積を得ることが

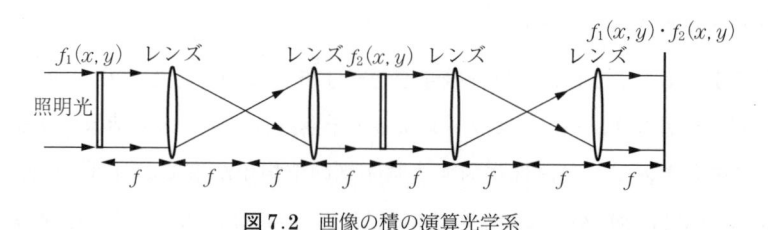

図 7.2 画像の積の演算光学系

7.1 フォトニクス情報処理における基本演算

できる．この画像の積を単に光強度として得る場合にはこの光学系でよい．しかし，画像の積に対しさらに後段でのコヒーレント光処理を行う場合には，最後の結像レンズにより収束する球面位相項が問題となる．その場合には，やはり図に示すように，後段の積の結像光学系でもレンズ2枚を用いた光学系を用いる必要がある．

和，差，積については，ここで示した光学系処理による演算法が頻繁に使われているが，画像の商については，和や積を求めたときのように簡単な光学系で計算することはできない．実際にはあまり使われることはないが，ここでは光処理としても商が計算できることを示すために，その一つの例について述べよう．まず，画像の割り算を

$$\frac{f_2(x,y)}{f_1(x,y)} = f_2(x,y) \times \frac{1}{f_1(x,y)} = f_2(x,y) \times \left\{ \frac{1}{|f_1(x,y)|^2} \times f_1^*(x,y) \right\} \tag{7.1}$$

のように分解して考える．この式（7.1）にそって，割り算を3段階で計算することを考える．右辺｛ ｝の項の $1/|f_1(x,y)|^2$ はその振幅分布に対してネガとなるような光強度分布への変換である．そこで，まず最初に $f_1(x,y)$ がネガ強度分布となるようなメモリ性を持つ実時間で画像の書込み読出しができる光素子で変換する．さらに，第2段として，図7.3(a)に示すように，$f_2(x,y)$ と $f_1(x,y)$ について実時間ホログラム素子でホログラムを作り，平面波の再生によって作られる共役像 $f_1^*(x,y) \cdot f_2(x,y)$ を図（b）のように発生させる．

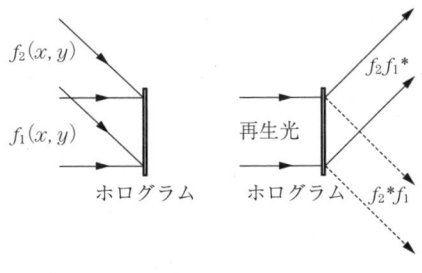

（a） 共役像発生 ホログラムの作成　　（b） 共役像の発生

図7.3　光学的商を計算する手順

これらの二つの積を，図 7.2 の光学系を用いて作る。これらの演算は，現在では次節で述べる実時間空間光変調素子を使い実時間で計算することができる。

7.2 ゼルニケの位相差顕微鏡

　フォトニクス情報処理の原点は，19 世紀のアッベ（Abbe）の回折に基づく結像理論に求めることができる。しかし，実際にフォトニクス情報処理としてなんらかの"情報"の処理がなされたのは，1935 年のゼルニケ（Zernike）の位相差顕微鏡においてといってよいであろう。ここではフォトニクス情報処理の具体的な最初の例として，ゼルニケの位相差顕微鏡を取り上げる。生物，生体細胞などは，光の性質として見ると，周辺の媒質とあまり屈折率差がなく，また生理食塩水などに浮かべて見るため，周りとの区別がつきにくい。当時，顕微鏡で生体細胞などを見るときに，どのようにすれば生体細胞などをよく見ることができるかということが大きな課題であった。実際そのような試料は，周辺に対して光の位相変化が小さい物体として取り扱え，光振幅透過率分布は

$$t_o(x,y) = \exp\{i\phi(x,y)\} \approx 1 + i\phi(x,y) \tag{7.2}$$

のように書ける。したがって，これを顕微鏡で拡大して結像したとき，その光強度分布は

$$|t_i(x,y)|^2 \approx |1 + i\phi(x,y)|^2 = 1 + \phi^2(x,y) \tag{7.3}$$

のようになる。ここでは，概念的な説明をするために，結像による拡大率や結像による分解能などは無視して話を進める。位相 $\phi^2(x,y)$ は非常に小さな変化量であり，直流光である式（7.3）の右辺 1 の値に対して非常に小さい量である。ところで，式（7.3）で信号成分が位相の 2 乗になるのは，直流成分と信号光成分との間に 90°の位相差があるからにほかならない。この二つの位相を同位相とすることができれば，式（7.3）の代わりに

$$|t_i'(x,y)|^2 \approx |1 + \phi(x,y)|^2 = 1 + 2\phi(x,y) + \phi^2(x,y) \approx 1 + 2\phi(x,y) \tag{7.4}$$

とすることができる。

7.2 ゼルニケの位相差顕微鏡

ここでは，光を振幅として取り扱い，コヒーレント照明下における議論としている。顕微鏡の試料に対する照明方法として，ケラー（Köhler）照明というものがしばしば用いられる。照明光源は通常インコヒーレントなタングステンランプなどが用いられるが，試料面に照明光を直接結像して使うと，試料の構造とランプの構造が重なるため，なにを見ているのかわからなくなることがある。したがって，ケラー照明では，ランプを試料を照明するためのコンデンサレンズの焦点位置に置き，それに光源の光量，広がりを制御する絞りを通す。これは，すでに述べた空間コヒーレンスを制御することに相当する。実際に，顕微鏡照明では，像を見やすくするために，このような照明が用いられる。したがって，ここで論じるような顕微鏡の結像を，コヒーレント系として考えることが可能になる。実際の照明は完全コヒーレントではなく，またまったくのインコヒーレント光とも異なるが，コヒーレンスはいくぶん低下したものになっている。このような照明は，部分的コヒーレント照明と呼ばれる。

例えば，$\phi(x,y)$ の変化量が 0.1 であったとすると，式 (7.3) では光強度変化 $\phi^2(x,y)$ は直流成分に対して 1 ％の程度であったものが，式 (7.4) では 20 ％となり，像のコントラストが大幅に改善されることがわかる。それでは，式 (7.4) のようにするには，結像光学系にどのような工夫を考えたらよいであろうか。

通常，顕微鏡では平面波で物体が照射されるため，大方の直流成分の光はレンズの焦点位置を通る。一方，位相 $\phi(x,y)$ は細かい構造成分（高周波空間周波数成分）を多く含み，レンズの焦点面，すなわちフーリエ変換面では中心よりもその周辺に強く散乱され，結像面で像を形成する。直流光と周辺光の符号を式 (7.3) から式 (7.4) のように変換するためには，おおむねの直流光がレンズ焦点面を通過するとき，周辺に対して位相が $\pi/2$ だけ遅れる（すなわち $\exp(-i\pi/2)$ を掛ける）位相板をここに置けばよいことになる。

以上のことより，レンズ焦点面において直流光成分と信号成分とが空間的に分離されることになる。もちろん，直流光成分と信号成分が完全に分離されるわけではないが，レンズ焦点位置以外における操作に比べ高周波成分の分離度

は非常によい。

　光に対する位相の導入の具体的方法としては，必要な部分，例えば図7.4に示すように，直流光が通過するレンズ焦点面周辺の微小部分に，光に対して透明な媒質を波長にして $\lambda/4$ だけの光路差（実際には $\pm\lambda/4$ としてよい）になるように塗布した位相板を使えばよい。

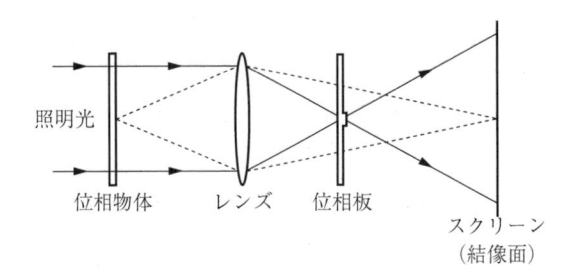

図7.4　位相差顕微鏡の原理

　位相としては，遅れる場合と進む場合（$\pm\lambda/4$）があるので，必要に応じてポジ，ネガの像として

$$t'_i(x,y) = \left| \exp\left(\pm i\frac{\pi}{2}\right) + i\phi(x,y) \right|^2 \approx 1 \pm 2\phi(x,y) \tag{7.5}$$

のようにすることができる。ここで，像情報成分だけを見るのであれば，0次回折光の1となる部分を完全カット（微分）すればよいように思われる。しかし，直流光をカットした像は暗く見にくくなるため，一般に0次光はそのまま通過させる。ゼルニケの位相差顕微鏡は，それまで見えにくかった顕微鏡像を格段に改善でき，生物学にも多大な貢献をしたとしてノーベル賞が与えられている。今日でも，生物学のみならず，さまざまな分野で位相差顕微鏡は重宝されている。

7.3　アッベの結像の考え方

　1873年アッベは，顕微鏡の結像において，初めて空間周波数分解による結像の概念について説明を試みた。物体画像に対し空間周波数という考え方を初めて導入したという点で，これをもって光の情報処理論の事始めと位置付けす

7.3 アッベの結像の考え方

る見方もある。ゼルニケの位相差顕微鏡の50年以上も前のことである。ここでは，アッベの顕微鏡結像の考え方について述べよう。ゼルニケの位相差顕微鏡のところでも述べたように，試料の照明としてケラー照明のような部分的コヒーレント光照明を仮定しよう。幾何光学の光線的考え方によれば，対物レンズの後方において光の一部を遮ると，できる像の明るさが単に暗くなることが予測される。しかし，光の遮り方によっては，実際には本来見えていた試料の構造がぼやけてしまう現象が発生する。このことは，単に光線的な考え方だけでは説明できない。

アッベの結像理論は，以下のようなものである。図7.5に示すように，ケラー照明された格子状の規則的な周期構造を持つ試料を顕微鏡により結像することを考えよう。ここでは簡単のため，対物レンズによる像について説明する。

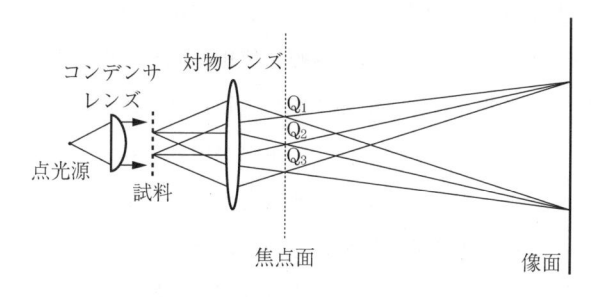

図7.5 アッベの結像理論

ケラー照明では，物体の照明に対しまったくのインコヒーレント照明とはならず，なんらかの干渉性のある部分的コヒーレント照明となる。そのため，ここでは照明がコヒーレントであると仮定してみよう。周期的物体試料であるから，物体から回折した光は各回折次数ごとに異なる角度で対物レンズに平面波として進み，レンズにより集光され，焦点位置において回折波面として集光する。この回折面の各点から光は2次光源として再回折し，試料の像対応位置に再回折波面として重なる。そして，これらの波が干渉の結果，再回折光として像が形成される。このとき，回折面の近くで絞りを入れると，例えば点Q_1，点Q_3が遮へいされるとすると，高次の回折光がカットされてしまう。このため，カットの仕方によっては，試料の細かい周期構造が見にくくなる，あるい

は周期構造がまったく見えなくなることがわかる。実際，アッベのこの考え方は，周期的な構造を持つ硅藻の顕微鏡観察において確かめられた。

◆ 7.4　フォトニック・フィルタリング ◆

7.2 節で画像の特定の情報成分に対する操作，すなわち画像のゆっくりした変化成分（低空間周波数成分）に対し，レンズ焦点面（数学的にはフーリエ変換面）で光の位相を周辺に対して $\pi/2$ だけ変化させる操作を行った。これは，特定な情報のみにある操作を加える，いわゆるフィルタリングである。フィルタリングとは，電気共振器あるいは機械振動などにおいて，特定の周波数だけに着目し，その周波数成分のみにある情報操作を加えることである。このフィルタリング操作は，さまざまな情報成分がある中から特定の情報を引き出すときにも使われる。したがって，光においてもその振幅，位相，偏光，周波数など光の持つある情報に対して，必要とされる情報を取り出したり，あるいは消去したりするためにフォトニック・フィルタリングの手法が用いられる。

フォトニック・フィルタリングに限らず，ある情報入力の周波数構造を構成するフーリエ変換面において，特定の周波数成分に着目し，その成分を取捨選択する方法は非常に有用である。もちろん，フィルタリングと等価な操作は，周波数面においてのみなされるわけではないが，光学像の場合，その画像を構成する周波数構造が実在空間座標となるフーリエ変換面に現れるため，効率のよいフィルタリングが可能になる。

ところで，ゼルニケの位相差顕微鏡の場合の原理説明においては，レンズ 1 枚による結像を使い，レンズの焦点面に位相板を置いたフィルタリングの光学系を実現した。一方，5.2 節で見たように，レンズ光学系においてレンズ焦点面は入力画像のフーリエ変換面であることを学んだ。しかし，一般には単一レンズそれだけでフィルタリングのための光学系を形成することは少ない。5.2 節において学んだように，レンズ後方の任意の点に入力の画像を置いたとき，一般にレンズ焦点面は厳密な意味でのフーリエ変換面ではなく，収束する球面

波による2次の位相項が付け加わる。このため，フーリエ変換面でなんらかの画像に対する周波数操作をしたとすると，これを像面に再回折させて見たときや，あるいはその後に光学系を多段接続すると，2次の位相項が影響を及ぼし，理想的なフーリエ操作ではなくなってしまう。

しかし，5.2節で見たように，入力画像を正しくレンズの前焦点位置に置くことによって，レンズ後ろ焦点面では数学的な意味で完全なフーリエ変換が達成できる。このため，フィルタリング光学系としては，図7.6に示すようなレンズ2枚を用いた系が用いられる。フィルタリング光学系では，入力画像はレンズ1によりその後ろ焦点位置にフーリエ変換パターンが形成される。コヒーレント照明下における画像の透過率分布を $u_o(x,y)$ として，フーリエ変換面での光の振幅は

$$U_o(\nu_x, \nu_y) = \mathrm{FT}[u_o(x_o, y_o)] \tag{7.6}$$

である。周波数面における操作として，このフーリエパターンに対してある周波数フィルタ関数 $H(\nu_x, \nu_y)$ に相当する振幅透過率分布を持つマスクを置くと，合計のフーリエ変換面の振幅透過率は

$$U(\nu_x, \nu_y) = H(\nu_x, \nu_y) U_o(\nu_x, \nu_y) \tag{7.7}$$

となる。このパターンに対して再度レンズを用いてフーリエ変換するが，レンズ1の後ろ焦点位置すなわちフーリエ変換面がレンズ2の前焦点位置であるとすると，レンズ2の後ろ焦点位置における振幅として

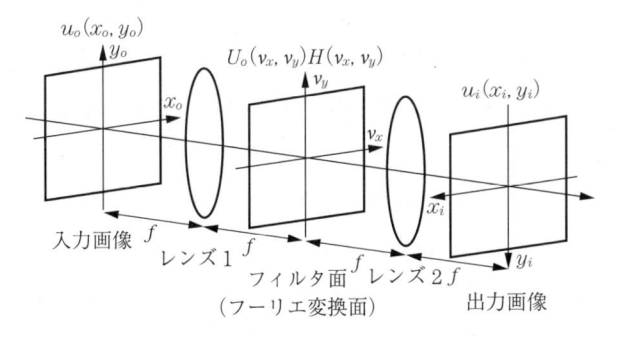

図7.6 フィルタリング光学系

$$u_i(x_i, y_i) = h(x_i, y_i) * u_o(-x_i, -y_i) \tag{7.8}$$

が得られる。式 (7.8) を見ると，フィルタリングとはすでに述べた線形システムで，入出力に対しフィルタ関数をシステムとするような線形操作を行ったことにほかならない。フィルタ面でのフィルタリング関数 $H(\nu_x, \nu_y)$ が一様であるとき，すなわちなにもフィルタリング操作をしないときには，$h(x_i, y_i)$ はデルタ関数になるため，式 (7.8) は

$$u_i(x_i, y_i) = u_o(-x_i, -y_i) \tag{7.9}$$

となる。式 (7.9) は結像を表す式である。ただし，このとき座標が反転（像が反転）していることに注意しよう。なぜならば，2.4 節のフーリエ変換の性質のところで学んだように，ある関数に 2 回のフーリエ変換を施すと，元の関数が再生されるが，座標が反転するからである。また，この結像では回折による広がりなどのない理想的な場合を想定している。図に示したレンズ 2 枚を用いたフィルタリング光学系では，前にも述べたようにレンズによるフーリエ変換で，付加される 2 次位相項がなくなるため，数学的な意味においても正しいフィルタリングが行われる。図の光学系の入力，出力面が像対応になっていることは，作図によっても容易に確かめられる。

◆ 7.5 帯域フィルタ ◆

前節で見たように，フォトニック・フィルタリングの系としては，レンズ 2 枚を用いたコヒーレント照明の光学系が使われる。ここでは，フォトニック・フィルタリングを用いて，画像の特定の構造に対して操作を行う具体例についていくつか示そう。

電気回路においても信号に対して高周波の雑音を除去するために，ある周波数以上の信号をカットし，低い信号成分を取り出す低域フィルタが用いられる。レンズを使う光学系は，元々レンズ自体がある周波数以上の信号成分をカットする低域フィルタであるといえる。

図 7.7 は，文字パターン「A」について，フィルタリング光学系のフーリエ

7.5 帯域フィルタ

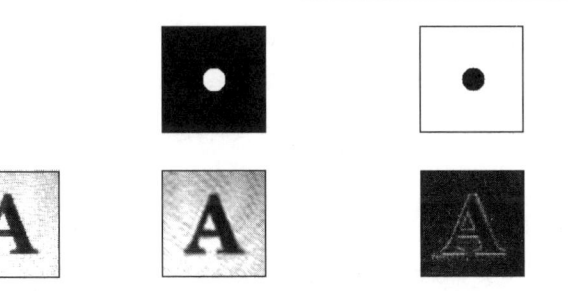

(a) 元画像　　(b) 低域フィルタと像　　(c) 高域フィルタと像

図 7.7　帯域フィルタリングの例

変換面，すなわちレンズ1の焦点面において空間周波数操作を行った結果である．図（a）は，レンズの前焦点位置に置かれた画像に対し，図 7.6 のフィルタリング光学系で，フーリエ変換面になにもフィルタを置かずに結像した元画像である．

図（b）の上の図のようにフーリエ変換面での光軸中心部分の回折光のみを通過させ，高い空間周波数成分をカットするフィルタを低域フィルタ（ローパスフィルタ）という．この場合には，光が通過する部分は，レンズ開口による回折広がりよりは十分大きいとする．

図（b）下は，低域フィルタを通過した光を図 7.6 のレンズ2 によって再度フーリエ変換して得られる像である．このフィルタを介して再結像すると，エッジなどがとれ画像が少しぼやけた結像となる．この図では明らかではないが，細かい構造がある画像に対して，低域フィルタによる結像では，細部が見えにくくなる．あるいは，フィルタのカットオフ周波数以上の構造は結像できない．低域フィルタの周波数，すなわち円形開口の大きさを調節すると，文字のボケ具合やエッジの欠けの程度が変わる．

図（c）上は，高域フィルタの例である．図 7.6 のレンズ1 の焦点位置に，今度は前とは逆に焦点位置で中心の光のみをカットし，周辺の光，すなわち高い空間周波数のみを通過させるフィルタを置く．光をカットする部分の大きさは，レンズ開口で決まる回折広がりよりも十分に大きいものとする．

図（a）の入力画像に対し，高域フィルタを通過させ結像すると，出力とな

る画像は図（c）下のようにパターンの明るさが変化するエッジのみが強調された画像が得られる。一般に，元画像のおおまかな構造は，フーリエ変換面において中心部分に集中し，画像のエッジなどは高い周波数成分を持つ。このため，高域フィルタのエリアの大きさを変えると，結像される画像のエッジの切れ具合が変化する。したがって，高域フィルタは一種の微分フィルタであるが，7.6節に示すような厳密な意味での微分フィルタではない。

帯域フィルタの例として，もう一つの例を示そう。**図7.8**（a）は四つの文字パターンであるが，よく見てもらうとわかるように，文字の中に等間隔の線が引いてあり，しかもその線の間隔はそれぞれの文字で等しい。そして，その方向はそれぞれ45°ずつ異なった方向である。これの意味するところは，それぞれの文字が同じ周波数の1次元格子で変調されているということである。しかし，その空間周波数の大きさは等しいが，方向が異なるので，それぞれの文字は異なるキャリア空間周波数で変調されているということになる。この状況は，例えば時間信号でいうと，異なるいくつかの周波数チャネルを持つ電気信号が同時に存在するということと同じように考えることができる。とすれば，周波数面でいずれかの周波数に同調させる（すなわち適当な帯域フィルタを用いる）ことができれば，その周波数の信号のみを検出することができる。

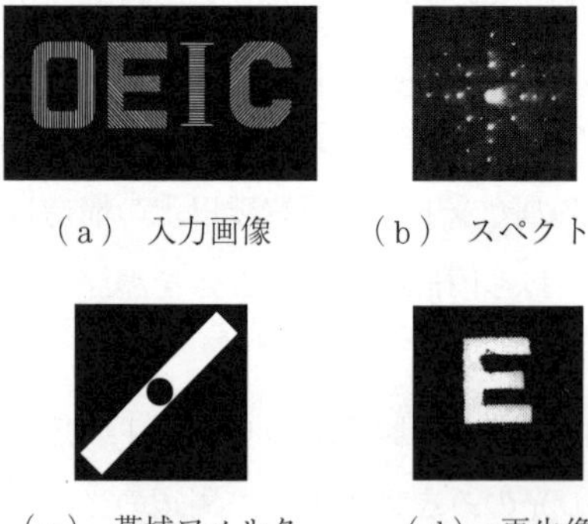

（a）入力画像　　（b）スペクトル

（c）帯域フィルタ　　（d）再生像

図7.8　フォトニック・フィルタリングの例

図（a）を入力画像とすると，そのフーリエ変換面においては図（b）に示されるようなパワースペクトルが観測される。この図のそれぞれ45°異なる方

向のスペクトルは,四つの文字に対応した情報を持つスペクトルである。そこで,図(c)に示すような,45°の角度正の方向に傾きを持った帯域フィルタを用いて,フーリエ変換面でフィルタリングすると,図(d)に示すように－45°方向に斜線を引いた(周波数変調された)文字「E」のみが再生される。0次回折光周辺には四つの文字すべての情報が集まっているため,この部分はカットされている。この図では,高次の回折光もカットしているので,図7.7で見た低域フィルタのように文字が多少ぼやけている。

7.6 微分フィルタ

図7.7で,高域フィルタ(低域カットフィルタ)は画像のエッジ部分を抽出する微分に相当することが示された。多くの応用においては,高域フィルタを微分フィルタとして近似して使うことができる。しかし,これはあくまでも近似的な微分操作であり,厳密な意味での微分ではない。ここでは,1次元で考えて,微分フィルタの形がどのように与えられるかについて考えよう。

微分された関数のフーリエ変換については2.4節でも述べたが,もう一度復習のために思い出してみよう。ある関数 $u(x)$ の微分 $du(x)/dx$ をフーリエ変換すると

$$\text{FT} = \left[\frac{du(x)}{dx}\right] = i2\pi\nu_x U(\nu_x) \tag{7.10}$$

と書くことができる。式(7.10)の意味を考えてみよう。式(7.10)を逆フーリエ変換すると,関数 $u(x)$ の微分が得られる。すなわち,フーリエ変換面での元々の関数 $u(x)$ のスペクトル $U(\nu_x)$ に $i2\pi\nu_x$ を掛け,これを逆フーリエ変換すると,求める関数 $u(x)$ の微分が得られるということである。これを光学系で実現するためには,レンズ2枚を用いたフォトニック・フィルタリングのシステムにおいて,入力関数を $u(x)$ とし,レンズ1のフーリエ変換面にできる画像のスペクトル関数 $U(\nu_x)$ に $H(\nu_x) = i2\pi\nu_x$ となる特性のフィルタを掛け算し,この結果を図7.6に示した光学系のレンズ2でフーリエ変換す

ればよい。

ところで，このときのフィルタ関数 $H(\nu_x)$ は複素の値となる。このような複素の値を持つフィルタは，光学的にどのようにして作られるであろうか。まず，フィルタ関数の絶対値とその位相について考えてみよう。フィルタ関数は，複素平面で，図7.9（a）に示すような関数である。このフィルタ関数の絶対値は，図（b）に示すように座標原点での光の透過率が零であり，周波数が増大するにつれて透過率が周波数の大きさに比例して $2\pi|\nu_x|$ となるように増大する関数である。このような振幅フィルタは，光の透過率分布を中心から周辺に行くに従って増大させるフィルタとして容易に作成できる。

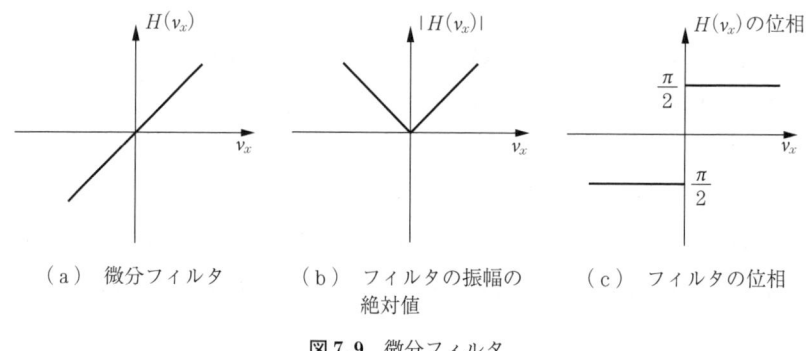

（a）微分フィルタ　　（b）フィルタの振幅の絶対値　　（c）フィルタの位相

図7.9　微分フィルタ

一方，位相は，図（c）に示すように $\nu_x>0$ で $\pi/2$，$\nu_x<0$ で $-\pi/2$ となる段差 π のステップ状の関数である。位相フィルタとしては，透明な誘電体薄膜を，使用する光の波長 λ に対してフーリエ変換面の原点となる場所を境界として，透明なガラス基板などの上に $\lambda/2$ の段差となるように蒸着することによって作ることができる。これらの振幅フィルタと位相フィルタを重ねてフーリエ変換面におけるフィルタ $H(\nu_x)$ として使うと，図7.6に示した光学系のレンズ2の後焦点面において，正確に関数 $u(x)$ の微分した像が得られる。

画像に対して2次微分を行うことにより，輪郭をより強調することができる。このような微分フィルタはラプラシアンフィルタ（Laplacian filter）と呼ばれ，フォトニック・フィルタリングの実現も容易な方法である。2.4節で

7.6 微分フィルタ

見たように、ある2次元関数 $f(x,y)$ が $F(\nu_x,\nu_y)$ とフーリエ変換の関係にあるとき、この $f(x,y)$ に対し、∇^2 を座標に関する2次微分の演算子として、ラプラシアン演算は

$$\nabla^2 f(x,y) = \nabla^2 \left[\int_{-\infty}^{\infty}\int_{-\infty}^{\infty} F(\nu_x,\nu_y) \exp\{i2\pi(\nu_x x + \nu_y y)\} d\nu_x d\nu_y \right]$$

$$= -4\pi^2 \int_{-\infty}^{\infty}\int_{-\infty}^{\infty} (\nu_x^2 + \nu_y^2) F(\nu_x,\nu_y) \exp\{i2\pi(\nu_x x + \nu_y y)\} d\nu_x d\nu_y$$

(7.11)

と書ける。すなわち、$f(x,y)$ のフーリエ変換面 $F(\nu_x,\nu_y)$ で、図 7.10 に示すように $H(\nu_x,\nu_y) = -4\pi^2(\nu_x^2 + \nu_y^2)$ となる空間周波数について2次関数で透過率分布が変化するフィルタを掛けて、これを逆フーリエ変換すると、画像の2次微分が得られる。このフィルタは実部だけからなる関数形であるが、負の符号がついている。これは1次微分フィルタのときには光の位相に対して $\pi/2$ となる位相フィルタを用いたが、2次微分フィルタでは、周波数が増大するとともに2次関数で透過率が増大する振幅フィルタに加え、フーリエ変換面全面で $e^{-i\pi} = -1$ となる位相フィルタを導入することに相当する。ラプラシアンフィルタはディジタル画像処理において、輪郭強調としてよく用いられる（10章参照）。

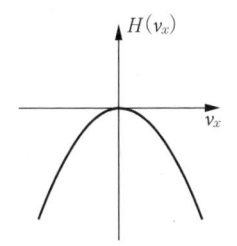

図 7.10 ラプラシアンフィルタ

画像の積分を光学的に行うことは容易である。画像の積分は、画像の全パワーの計算であるから、画像の結像系においてレンズを通過した光を、レンズ焦点位置で測定すればよい。画像の部分的な積分は、その部分のみを通過させる開口を作成し、その部分の光の積算をレンズを用いて測定するとよい。

◆ 7.7 逆フィルタ ◆

2.6節の線形システムのところで述べたように,システム関数 $H(\nu)$ と出力関数 $G(\nu)$ が周波数面で与えられたとき,入力関数 $F(\nu)$ は $F(\nu)=G(\nu)/H(\nu)$ として計算できる。これは,関数 $g(x)$ をフーリエ変換した結果である $G(\nu)$ に対し,$T_i(\nu)=1/H(\nu)$ となるフィルタ関数を掛け,その結果を逆フーリエ変換すると,入力関数 $f(x)$ が得られることを示している。$T_i(\nu)$ は逆フィルタと呼ばれる。この操作は2次元座標の場合も同じであるから,図7.6に示したレンズ2枚を用いたフォトニック・フィルタリングシステムを使い,出力結果 $g(x,y)$ にシステム関数 $H(\nu_x,\nu_y)$ の逆フィルタ $T_i(\nu_x,\nu_y)=1/H(\nu_x,\nu_y)$ を通させることによって,元の画像 $f(x,y)$ を1次元の場合と同様に得ることができる。しかし,実際には $H(\nu_x,\nu_y)$ の値が零となるところでは,逆フィルタで H の割り算の結果が発散してしまい正しい画像関数が得られない。実際,この零点は多数あり,この逆フィルタでは部分的にしか正しい元の画像関数を得ることしかできない。この零点による割り算の問題を解決あるいは緩和するために,次に述べるウィーナーフィルタが用いられる。

通常,時間信号や画像などでは必ず雑音が含まれる。ウィーナーフィルタはこの雑音特性を使ったフィルタである。ただし,このフィルタを正確に求めるためには,雑音のスペクトル特性のみならず,信号自身のスペクトル特性を知る必要がある。雑音は通常統計的なものであることから,情報伝送チャネルの性質が事前にわかっている場合には推定可能である。また,このフィルタでは入力関数のフーリエパワーが必要とされる。しかし,入力である信号自身は知りたい情報そのものであるから,一般にはわからない関数である。したがって,ウィーナーフィルタ自身はどの場合にも使えるものではなく,雑音特性などが知られている信号について,先に述べた逆フィルタの零点部分で発散する信号成分を抑える役割をするフィルタであると思えばよい。

ここでは,ウィーナーフィルタがどのような形で与えられるかについて示そ

7.7 逆フィルタ

う。実際のシステムにおいて，雑音 $n(x,y)$ は加算的であるとすることができる場合が多い。雑音を含む出力信号は，雑音のない理想的な出力関数 $g(x,y)$ に雑音 $n(x,y)$ を加えて

$$u(x,y)=g(x,y)+n(x,y)=h(x,y)*f(x,y)+n(x,y) \tag{7.12}$$

と表すことができる。$f(x,y)$, $h(x,y)$ は入力画像関数とシステム関数である。雑音が付加された実際の出力 $u(x,y)$ が得られたときに，本来の入力関数 $f(x,y)$ を推定するために使うフィルタがウィーナーフィルタである。ウィーナーフィルタの導出においては，雑音関数 $n(x,y)$ がホワイトであることを仮定する。以下では，その詳細や厳密な導出は統計や確率過程の教科書に譲るが，ウィーナーフィルタのおおまかな導出について述べる。

この最適化されたフィルタをとりあえず $t(x,y)$ としよう。そうすると，このフィルタによって推定される入力に対応する画像は，空間周波数面で

$$F'(\nu_x,\nu_y)=T(\nu_x,\nu_y)U(\nu_x,\nu_y) \tag{7.13}$$

あるいは，実面で

$$f'(x,y)=t(x,y)*u(x,y) \tag{7.14}$$

と書ける。ただし，これまでのように大文字の関数は小文字の関数のフーリエ変換である。式 (7.12) を見ると明らかであるが，もし式 (7.13) で雑音項がなければ，推定されるフィルタ関数 $T(\nu_x,\nu_y)$ は，$T(\nu_x,\nu_y)=T_i(\nu_x,\nu_y)=1/H(\nu_x,\nu_y)$ となる逆フィルタである。

式 (7.14) で与えられる結果である入力の推定関数 $f'(x,y)$ と，本来の入力である $f(x,y)$ の差をとり，この差の 2 乗誤差

$$e=\int_{-\infty}^{\infty}\int_{-\infty}^{\infty}|f'(x,y)-f(x,y)|^2 dxdy \tag{7.15}$$

が最小になるような解を与えるフィルタ関数が，最適化されたウィーナーフィルタである。ここでは，入力の実面ではなく，そのフーリエ変換面で考えてみよう。以下の展開では，式が煩雑になるので，座標は省略して表そう。式 (7.12) は，フーリエ変換面で

$$U=HF+N \tag{7.16}$$

と書ける。実際には，関数 U は雑音を含む統計的関数であるから，式 (7.15) のフーリエ変換面で対応する誤差は

$$E=\langle|F-F'|^2\rangle=\langle|F-TU|^2\rangle \qquad (7.17)$$

となる。ここで，$\langle\cdot\rangle$ は統計平均を表すものとする。雑音成分について，$\langle N\rangle=\langle N^*\rangle=0$ が成り立つので，誤差は

$$E=|F|^2+|T|^2(|H|^2|F|^2+\langle|N|^2\rangle)-T^*|F|^2H^*-T|F|^2H \qquad (7.18)$$

と表される。誤差を最小化するフィルタ関数は，フィルタ関数 T を変化させたとき，条件 $\partial E/\partial T=0$ より求めることができる。誤差 E を最小とするフィルタ関数は，あらためて $|N|^2$ を雑音のパワースペクトルの集合平均であるとして

$$T(\nu_x,\nu_y)=\frac{|F(\nu_x,\nu_y)|^2 H^*(\nu_x,\nu_y)}{|F(\nu_x,\nu_y)|^2|H(\nu_x,\nu_y)|^2+|N(\nu_x,\nu_y)|^2} \qquad (7.19)$$

と計算することができる。

この式で，雑音項が無視できるとき，すなわち $N(\nu_x,\nu_y)=0$ のときには，単純な逆フィルタ $T(\nu_x,\nu_y)=T_i(\nu_x,\nu_y)=1/H(\nu_x,\nu_y)$ となることは容易にわかる。先に述べたように，一般に雑音のスペクトル $N(\nu_x,\nu_y)$ を推定することは難しいことではない。しかし，$F(\nu_x,\nu_y)$ 自体は求めたい入力画像関数のスペクトルであるから，実際にはこの関数をフィルタの中で用いることはできない。システム関数 $H(\nu_x,\nu_y)$ が与えられたとき，この値が零とならない座標の値においては，雑音が小さいとすると，逆フィルタ $T_i(\nu_x,\nu_y)=1/H(\nu_x,\nu_y)$ は，入力画像関数のよい推定フィルタになっている。

一方，逆フィルタで問題となるのは $H(\nu_x,\nu_y)$ が零になる座標の値である。その場合には，式 (7.19) を

$$T(\nu_x,\nu_y)=\frac{H^*(\nu_x,\nu_y)}{|H(\nu_x,\nu_y)|^2+\frac{|N(\nu_x,\nu_y)|^2}{|F(\nu_x,\nu_y)|^2}} \qquad (7.20)$$

とおき，$a=|N(\nu_x,\nu_y)|^2/|F(\nu_x,\nu_y)|^2$ の部分に対し適当な分布関数を仮定し，元画像を推定することができる。場合によっては，これを最適な係数としてある一定値とおくことにより，ウィーナーフィルタの威力を発揮して元画像をある程度正しく求めることができる。

図 7.11 は，ウィーナーフィルタの概念を図で表したものである．図（a）は元画像と雑音のパワーを表したものである．この和，図（b）を使い，推定されるウィーナーフィルタは図（c）のようになる．

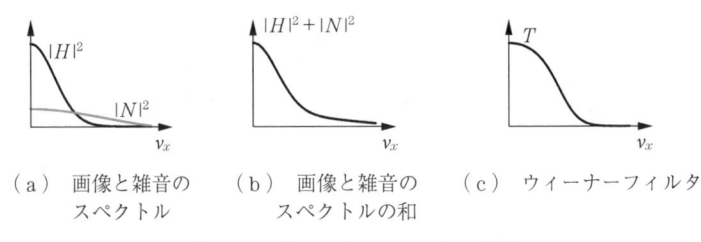

（a）画像と雑音の　　（b）画像と雑音の　　（c）ウィーナーフィルタ
　　スペクトル　　　　　スペクトルの和

図 7.11　ウィーナーフィルタの概念

実際，流し撮りされた画像（空間的にある方向へ積分された画像）に対し，流し撮りしたシステム伝達関数は，**図 7.12**（a）のようになる．ここでは，流し撮りする関数は，ある有限幅の矩形波状であると仮定した．これに対する逆フィルタ $T_i(\nu_x, \nu_y) = 1/H(\nu_x, \nu_y)$ は，図（b）のようになる．これからわかるように，システム伝達関数が零となる点で，フィルタの値が発散している．これに対し，適当な雑音を含むフィルタの場合には，ウィーナーフィルタとして図（c）のように零点での発散のない逆フィルタが得られる．

（a）流れ画像のスペクトル　　（b）逆フィルタ　　（c）ウィーナーフィルタ

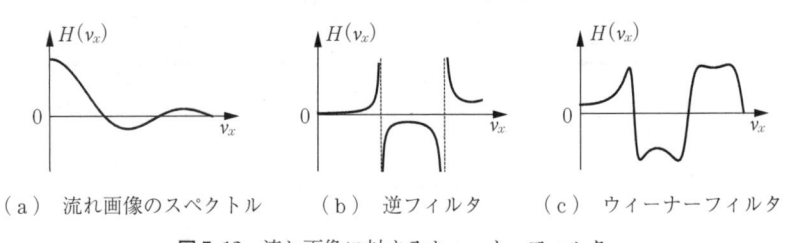

図 7.12　流れ画像に対するウィーナーフィルタ

◆ 7.8　結 合 相 関 ◆

ホログラムを使ったフィルタは，マッチトフィルタと呼ばれる．これにより，ある参照画像と入力画像の相関を計算し，参照画像と入力画像が同一かど

うかを判定することができる。それについては、改めて8章で述べることにして、ここでは同等な方法として、フィルタの代わりに、実空間において比較するべき画像と参照画像を並べて表示し、それらの画像間の相関計算をする結合相関の方法について述べよう。結合相関はフィルタリングの拡張した概念としてとらえることができる。

結合相関（JTC：joint transform correlation）では、レンズを使った2回フーリエ変換を行う光学系を用いるが、最初のレンズでフーリエ変換した結果を振幅ではなく、いったん光強度におき換えて記録する方法である。図7.13（a）に示すように、入力面において、調べる画像と参照画像を並べて置き、レーザ照明によりこれをレンズを用いてフーリエ変換する。入力面において、入力画像 $f(x,y)$ と参照画像 $g(x,y)$ を、それぞれ x 軸方向に d と $-d$ だけずらして並べ次式とする。

$$f(x-d,y)+g(x+d,y)$$

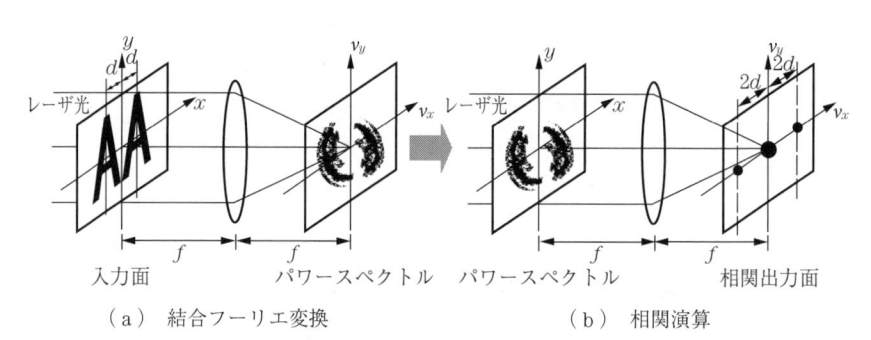

（a）結合フーリエ変換　　　　（b）相関演算

図7.13　結合光相関

次に、これをフーリエ変換し、いったんその結果を光強度として保存する（図（a））。このフーリエスペクトル強度は

$$H(\nu_x,\nu_y)=|F(\nu_x,\nu_y)\exp(-i2\pi d\nu_y)+G(\nu_x,\nu_y)\exp(i2\pi d\nu_y)|^2$$
(7.21)

と表される。ここで、$F(\nu_x,\nu_y)$、$G(\nu_x,\nu_y)$ はそれぞれ $f(x,y)$ と $g(x,y)$ のフーリエ変換である。この面において、光の振幅を強度に変換するために

7.8 結合相関

は，CCDなどの撮像素子によって光強度にする方法もあるが，フォトニクス情報処理においては実時間での高速処理が必要とされるため，9章で述べる直接光の演算結果を電子情報に変換する必要のない空間光変調素子が使われる。光強度として変換されたパワースペクトルは，レーザなどのコヒーレントな平面波によって照明され，再びレンズを用いて再度フーリエ逆変換される（図（b））。実際の光学系では，逆フーリエ変換ではなく，フーリエ変換である。その結果は光強度として検出される。最終的に得られる光強度成分は

$$I(x,y) = f(x,y) \otimes f(x,y) + g(x,y) \otimes g(x,y)$$
$$+ f(x-2d,y) \otimes g(x,y) + f(x,y) \otimes g(x+2d,y) \quad (7.22)$$

と表される。

式（7.22）右辺の最初の二つの項は，検出面の座標原点付近に分布するそれぞれの画像の自己相関光強度となる。第3項は，$x=2d$ を中心とする位置における二つの画像の相互相関である。同様に，第4項は $x=-2d$ を中心とする二つの画像の相互相関を与える。二つの画像が完全に一致するときには，それぞれの相互関数は鋭いピーク光強度を持つパターンとなるが，入力と参照画像が異なる場合には $x=2d$ または $x=-2d$ を中心とする光強度は不明瞭となり，ピークを持たない光強度が広がった分布となる。したがって，結合相関の方法は入力画像の類似度，相関を検出するのに有効である。結合相関の方法は，同じ二つの入力画像があるときに，等価的なダブルスリットが $2d$ だけ離れて置かれたとするヤングの干渉と同等である。したがって，ヤングの干渉じまを再度フーリエ変換すると，フーリエ変換面において干渉じまによる周期パターンの回折として，±1次回折光に相当する相関スポットが得られるというのが，この原理である。この方法は，8章で述べるマッチトフィルタと違い，参照画像だけを用意すればよく，特別のフィルタをあらかじめ用意する必要もなく，またマッチトフィルタで必要とされるフィルタの位置合わせなどの煩雑な操作もない。また，マッチトフィルタではある種のホログラフィック干渉になっているが，結合相関はこのような干渉性を直接使っているわけではなく，簡便な画像照合として幅広く使われている。

演 習 問 題

7.1 フィルタリングの光学系で,なにもフィルタを置かないときには,出力画像は式 (7.9) で与えられることを示せ.

7.2 図 7.6 の入出力画像面が,像対応となっていることを作図により示せ.

7.3 1 次微分フィルタは,$i2\pi\nu_x$ となることを示せ.

7.4 ある画像に正弦波で表されるような周期的な構造の「雑音」があるとき,この雑音を除去し,元の画像のみを抽出するフィルタについて述べよ.

7.5 ウィーナーフィルタにおけるフーリエ変換面における推定誤差が,式 (7.18) となることを計算せよ.

7.6 ウィーナーフィルタの式 (7.19) は,雑音がないときには単純な逆フィルタとなることを確かめよ.

7.7 結合相関におけるフーリエスペクトル強度分布が式 (7.21) となることを確かめ,そのフーリエ変換が式 (7.22) となることを計算せよ.

8 ホログラフィ

　ホログラフィは，2次元平面に投影した通常の写真とは異なり，3次元の情報（3次元物体の各点と観測面との距離）を2次元平面に圧縮して記録する方法である．ただし，ホログラフィにおいて，画像の記録と再生という2段階のプロセスが必要になる．さらに，写真などに比べると，ホログラフィにおいて情報を記録するためには，高精細な情報記録ができる記録材が必要である．ホログラフィは情報の記録という点から見ると，フォトニクス情報処理のきわめて優れた例題となっている．本章では，ホログラムの記録，再生の方法，さまざまなホログラフィを記録するやり方とその応用について述べる．

◆ 8.1 ホログラフィとは ◆

　通常の写真技術で得られる情報は2次元としての画像情報である．実際，通常の写真においては，われわれは3次元空間の画像を2次元の奥行きのない平面に閉じ込めた形で表示されたものを見ている．にもかかわらず，3次元的なイメージを浮かべることができるのは，われわれの日常経験に基づく感覚による再構成にほかならない．コンピュータなどにより，写真画像を基に3次元的な位置関係を想像させるのはそう容易なことではない．3次元情報を3次元空間にマッピングする方法も考えられるが，3次元情報を写真のような2次元の平面に圧縮して書き込むことができれば，保存も容易であるし，特徴抽出など記録された情報の操作も容易になるに違いない．干渉を使った方法の一つに，物体からの散乱光が持つ3次元位相情報（物体と記録材料との距離）を記録し，再構成することにより物体の立体像を再生する方法が知られている．すなわちホログラフィである．物体の3次元情報記録，再生技術のことをホログラ

140   8. ホログラフィ

フィ（holography）と呼び，このホログラフィで使われる情報記録媒体のことをホログラム（hologram）と呼んでいる。

　ホログラフィは2段階の技術であり，立体像の3次元情報を干渉じまとして2次元平面に記録するステップと，記録された干渉じまから像を浮かび上がらせる再生というステップがある。ホログラムとしては，初期のころには銀塩の写真材料をガラス面に塗布したものが用いられてきたため，ホログラム乾板といういい方がしばしば用いられてきた。最近では，写真に代わるものとして電子的な画像記録素子があるのと同様に，ホログラフィにおいてもさまざまな原理に基づき，実時間で書込み（記録），読出し（再生）ができるホログラム素子が開発されている。例えば，電子的に画像の書込みを行うデバイスや，光書込みに適した液晶，高分子材料を使ったものなどもある。特に，光書込みのホログラム記録素子は，実時間処理において重要であり，9章においていくつかの例について触れる。ホログラムに記録するのは干渉じまであるから，光源としてはレーザが用いられる。また，ホログラムの再生においてもレーザが用いられるが，必ずしも再生光源としてはレーザである必要はなく，白色光源も用いられる。また，ホログラフィは3次元光情報記録，処理の優れた技術であり，フォトニクス情報処理の重要な技術の一つになっている。例えば，この技術により画像の特徴抽出や3次元物体の持つ物理量（表面形状や変移，振動など）を計測することも可能になる。ここでは，ホログラムの原理とその基本的考え方，いくつかのホログラムを作る光学系，ホログラフィ干渉とホログラムを用いた相関法について述べる。

◆ 8.2 ホログラフィの原理 ◆

　ホログラフィの光学系としては，記録すべき物体と再生像との位置関係で結像光学系となっているが，必ずしもレンズ光学系を用いるわけではない。ホログラムを作る光学系としては，物体のフーリエ変換面にホログラム記録するものなどいろいろな場合があり，それぞれに特徴を持つ。ここでは，**図8.1**

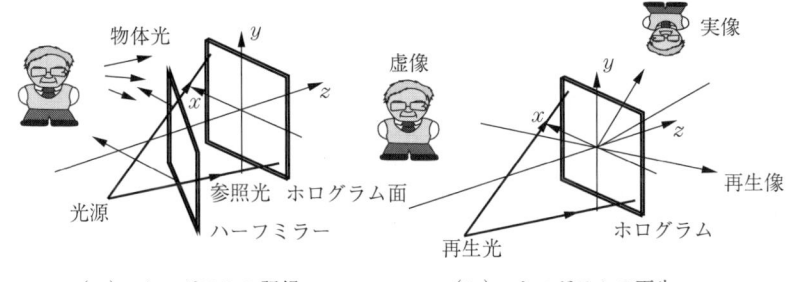

8.2 ホログラフィの原理

図 8.1 ホログラフィの原理

(a) に示すように，物体とホログラム面とがフレネル変換の関係で表される場合を考える．物体を照射する光源としてはレーザなどのコヒーレント光を用い，物体から散乱した光（物体光という）をホログラム面に回折させる．

一方，ホログラフィにおいては，物体を照射する光源のほかに，ホログラム面で光の干渉を起こさせるために，もう一つの参照光と呼ばれる光が必要となる．この物体光と参照光の干渉により，ホログラム記録素子上に干渉じまが形成される．これが，ホログラムの記録にあたる．ホログラム面上における物体からの散乱光の複素振幅を $u_o = |u_o| \exp(i\phi)$（ϕ は物体により散乱される光の位相分布）とし，参照光の複素振幅を平面波を仮定して $u_r = |u_r| \exp(iky \sin \theta)$（$\theta$ は xy ホログラム面において平面波が y 軸となす角）とすると，ホログラムに書き込まれる干渉光強度は

$$I = |u_r + u_o|^2 = |u_r|^2 + |u_o|^2 + u_r u_o^* + u_r^* u_o \tag{8.1}$$

と書ける．式 (8.1) の最後の二つの項が干渉を表す項である．3次元像情報とは，ある基準面からの奥行き情報，すなわち光の位相情報であるから，複素振幅 u_o そのものが3次元の像情報である．したがって，u_o の絶対値の2乗項には3次元像情報はなく，u_o をどのように記録し，再生することができるかという点がホログラフィのポイントである．そこで，ホログラムをいったん記録した後，3次元画像を再生するプロセスが必要である．

ホログラフィにおいては，ホログラム記録された光強度を，ある複素振幅を持った光で再生することになる．再生する光は，一般には必ずしもホログラム

を作成したときと同じ波面である必要はない。しかし，ここでは図（b）に示すように，参照光と同じもので再生する場合を考える。したがって，ホログラムを再生した後の光の複素振幅は

$$u_r I = u_r |u_o|^2 + u_r |u_r|^2 + u_r^2 u_o^* + |u_r|^2 u_o \tag{8.2}$$

となる。第1項と第2項はホログラム再生光として入射する波面と同じ進行方向に伝搬し，光の回折でいうところの0次回折光（この場合y軸に対してθの方向へ回折）であり，位相情報としては再生光と同じ位相成分しか持たない。第3項は，2θだけ傾いて回折する光であり，元の物体の位相情報（ただしこの場合は$-\phi$となり共役波と呼ばれる）の波面として伝搬する波（実像）である。第4項は，回折の方向はホログラム面に垂直であり，再生光の平面波成分は絶対値の2乗となることにより一定の値を持ち，元の物体波面がそのまま再生され，物体光の位相ϕが保持されて伝搬する。したがって，この項は物体が元の場所にあったとした場合の光の伝搬式になっており，物体波面が忠実に再生されたもの（虚像）にほかならない。これがホログラムの再生である。ホログラムの再生においては，この光学系ではそれぞれの項が分離されて光が進むことになる。

　ここで，もう一度，第3，4項の意味について考える。第3項で重要な位相は$\exp(-i\phi)$，第4項では$\exp(i\phi)$である。いま，物体が点光源でホログラム面での位相が$\phi = k(x^2+y^2)/2R$（Rは物体からホログラム面までの距離）で表されるような球面波を例として説明してみよう。

　先に第4項であるが，この項は$\exp(i\phi)$なので，ホログラム面から発散する球面波となっている。したがって，ホログラムの後方で再生光を見ると，あたかも点光源が元の位置から出ているようにわれわれには見える。

　一方，第3項は，ホログラム面から$z=R$の位置に点光源として収束する波面である。したがって，$z=R$の位置にスクリーンを置けば，物体（この場合には点光源）の像がその場所に実像としてできていることになる。このように，ホログラムにおいては，実際の波面とその波面の裏返し（負の符号の意味）の波面の二つが再生される。このため，ホログラムを結像素子として使う

8.2 ホログラフィの原理

こともできる。

図 8.2 は，ホログラム上に記録された干渉じまの拡大写真と，ホログラムからの再生像の例である。ホログラム上には，図（a）に示すように干渉じまが記録されているだけである。この干渉じまを再生することにより，図（b）のような再生像が得られる。この再生像では，ピントが合っているところの画像がシャープに再生されており，奥行きがあるのがわかる。

（a）ホログラム上に記録された干渉じま（拡大写真）

（b）再生像の例（荻原昭文氏提供（(株)久保田ホログラム工房にて撮影））

図 8.2 ホログラムの記録と再生

ホログラフィでは，コヒーレントな波の干渉じまを作ることが本質であるから，使用する波として，赤外や紫外光，あるいは X 線などの短波長の光，さらに同じ電磁波としてのマイクロ波などを用いてホログラムを作り，異なる波長の電磁波，例えば可視光などで物体の再生ができる。また，電磁波ではなく，波動としての性質を持つ電子線や超音波などの波源でもホログラムを作ることができる。このように，光とは異なる波源のホログラムであっても，再生時には同じ波源を用いる必要はなく，例えばマイクロ波のホログラムを光で再生，あるいは電子線のホログラムを光で再生することもできる。これらの方法は，不可視画像の可視化や，航空機，衛星を用いた地球探査の記録再生ホログラムとしてしばしば使われている。また，実物がない物体や実際に実現の難しい波面（理想波面）などを計算機により生成し，これを光を用いて再生することもできる。このような方法は計算機ホログラムと呼ばれ，理想的な物体形状

との比較など計測や，画像処理の分野で広く使われている．この計算機ホログラムについては10章で述べよう．

8.3 ホログラムの再生

ここでは8.2節で述べたホログラムの再生について，式を用いて少し詳しく考えてみよう．ホログラムの再生は式(8.2)で表される．この式を使い，フレネル変換ホログラムを例にとり，像ができる位置がある特定の場所であることを示す．まず式(8.2)の第4項について考えよう．図8.3に示すように，説明簡略化のため1次元の座標を仮定し，u_rとしては平面波をx軸に対してθだけ傾いた波面$u_r(x) = A_r \exp(-ikx \sin\theta)$を仮定（この場合，記録・再生の波面の傾きは$x$軸について負の方向）する．$u_o$に掛かる係数は$|u_r|^2$であり，この値は一定値となる．ホログラムはフレネル変換伝搬により，ホログラム記録素子に記録されるものと仮定する．そうすると，ホログラムの記録，再生においては，フレネル変換の計算をそのまま用いることができる．$-z_o$を物体上のある点からホログラム面までの距離（z_oは負として定義）とし，また$z=0$をホログラム面の座標をとり，ホログラム面上における物体光の振幅は

$$u_P(x) = \frac{1}{\sqrt{-i\lambda z_o}} u_o(x) * \exp\left(-i\frac{k}{2z_o}x^2\right) \tag{8.3}$$

と書ける．

ホログラム再生時には，式(8.3)が物体光u_rとなるため，式(8.2)の第4項のホログラム面から後方の適当な位置z_iにおける再生光の振幅は

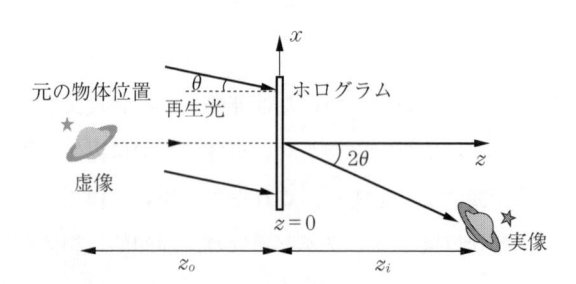

図8.3 フレネル変換ホログラムの再生

8.3 ホログラムの再生

$$u_i(x_i) = \frac{1}{\sqrt{i\lambda z_i}} u_P(x_i) * \exp\left(i\frac{k}{2z_i}x_i^2\right)$$

$$= \frac{1}{i\lambda\sqrt{-z_o z_i}} \left\{ u_o(x_i) * \exp\left(-i\frac{k}{2z_o}x_i^2\right) \right\} * \exp\left(i\frac{k}{2z_i}x_i^2\right) \quad (8.4)$$

となる。一見するとこの式は計算が複雑そうに見えるが，5.2節で行ったように，u_i をいったんフーリエ変換して結果を逆フーリエ変換することにより，簡単な式としてまとめることができる。この結果，u_i のフーリエ変換は

$$U_i(\nu) = \text{FT}[u_i(x)]$$

$$= U_o(\nu) \text{FT}\left[\frac{1}{\sqrt{-i\lambda z_o}}\exp\left(-i\frac{k}{2z_o}x^2\right)\right] \text{FT}\left[\frac{1}{\sqrt{i\lambda z_i}}\exp\left(i\frac{k}{2z_i}x^2\right)\right]$$
$$(8.5)$$

と書ける。式 (8.5) の指数関数のフーリエ変換は，式 (5.19) より

$$\text{FT}\left[\frac{1}{\sqrt{i\lambda z}}\exp\left(i\frac{k}{2z}x^2\right)\right] = \exp(-i\pi\lambda z\nu^2) \quad (8.6)$$

であるから，式 (8.5) は

$$U_i(\nu) = U_o(\nu)\exp\{-i\pi\lambda(z_i+z_o)\nu^2\} \quad (8.7)$$

とまとめられる。したがって，$z_i = -z_o$ となるホログラム後方において，U_i の逆フーリエ変換を行うと，u_i は

$$u_i(x_i) = u_o(x_i) \quad (8.8)$$

となる。したがって，$z_i = -z_o$ において正しい物体振幅が再生される。このように，ホログラムの再生においては，像はホログラムを挟んで元の物体と対称な場所に再生されるため，観測位置が重要である。これが，ホログラムによる3次元画像再生の意味である。

式 (8.2) の第3項について考えると，参照光は x 軸に対して θ だけ傾いた平面波であるから，この再生光 u_o^* に掛かる係数は $\exp(-i2kx\sin\theta)$ である。ホログラム再生時の0次回折光を $\exp(-ikx\sin\theta)$ とすると，第4項は x 軸に対し $\theta=0$ 方向への1次回折光であり，第3項は 2θ 方向への−1次回折光に相当する。第3項は，計算によると，やはり $z_i = -z_o$ となる位置に再生像が形成される。

すでに 8.2 節で述べたように，例えば物体を発散する点光源と仮定すると，第 4 項は $z_i=-z_o$ において発散する球面波であるが，第 3 項は $z_i=-z_o$ において収束する球面波であることは容易にわかる。したがって，この位置にスクリーンを置くと，物体が実像として再生される。また，ホログラムを結像として見ると，ホログラムに近い距離の物体の点がホログラム面に近い位置に再生され，遠い点は物体面から遠い点として再生される。このことは，通常のレンズを用いた結像位置関係とは異なる。ここでは，1 次元座標のホログラム再生を用いて説明を行ったが，2 次元空間への拡張は容易である。また，参照光と再生光の角度が異なる場合，記録光と再生光の波長が異なる場合についても，ここでの考え方を容易に拡張することができる。

◆ 8.4　ガボール型のホログラム ◆

話は前後するが，ホログラフィの起源について述べよう。元々，1948 年にガボール（Gábor）によって最初に提案されたホログラムは，前節のものとは異なり，図 8.4 に示すように，物体からの回折光波面と，参照光源となる点光源からの光が，ほぼ同じ方向から平行に干渉するインラインホログラムと呼ばれるものであった。それに対し，前節までで見てきたホログラムは，ホログラム書込みの物体波と参照波が異なる角度で重ね合わさっているという意味で，オフアクシスホログラム（軸外しホログラム）と呼ばれる。ガボール型のホログラムは，元来電子顕微鏡像において 3 次元情報（分子の立体構造）をどのよ

（a）ホログラムの記録　　　　　（b）ホログラムの再生

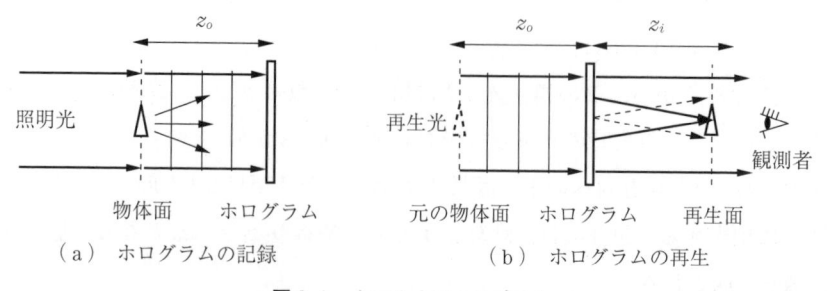

図 8.4　インラインホログラム

8.4 ガボール型のホログラム

うに記録・再生するかという目的で考えられたものであり，前節で見たようなホログラム記録の配置がとりにくかった。

インラインホログラムの結像について簡単に述べよう。図（a）において，物体を照明する光と参照光は同じ方向から照射される。あるいは，照明光と物体光の区別はなく，あるコヒーレントな平面波の照明と考えてもよい。照明光の一部は物体により散乱される。一方，物体に当たる以外の波はそのまま平面波として進行し，適当な距離 $-z_0$ にあるホログラム記録素子上で，物体光と参照光とが干渉し，ホログラムが形成される。ホログラムの再生においては，図（b）に示すように，平面波照射によりホログラムの後方 $z_i=-z_0$ の位置にホログラムが再生される。インラインホログラムの場合には，これと同時に同じ位置に共役像（実像）が再生されるため，ホログラム再生位置の後方で再生像を見ると，ボケた実像が重なり，さらに透過光（0次回折光）が重なるため，像が見にくくなる。それに対し，オフアクシスホログラムでは，ホログラム再生像（1次回折光），共役像，0次光が空間的に分離されるため，像の見やすさは格段に改善される。

一方で，インラインホログラムでは光学系から明らかなように，光がほとんど平行な光線として干渉するので，ホログラム面で干渉じまの間隔が大きくなり，高密度のホログラム記録素子を必要としないという利点がある。一般に，異なる角度 2θ の二つの光の干渉じま間隔は，光の波長を λ として $\lambda/2\sin\theta$ である。例えば，$\theta=30°$，$\lambda=0.5\,\mu m$ とすると，干渉じま間隔は $0.5\,\mu m$ と非常に細かくなる。これに対し，$\theta=1°$ とすると，干渉じま間隔は $14\,\mu m$ の程度に大きくなり，ホログラム記録素子の分解能は低解像度のものでよいことになる。通常の白黒フィルムの解像度は $100\,lp/mm$ 程度である。前節のような異なる方向からの光を干渉させ記録するためには，$1\,\mu m$ 以下の分解能で干渉じまを記録するための高解像度ホログラムとして特別な記録素子が必要である。ホログラフィとは，これまで見てきたように，ある参照波面と物体情報を持つ波面との干渉を行わせる技術であるが，ホログラムを作る方法には歴史的にもいろいろな方法が提案されている。

8.5 いろいろなホログラム

オフアクシスホログラム，インラインホログラムなど，ホログラムを形成する方法を見てきたが，これ以外にもいくつか実用的なホログラム作成の光学系が考えられている．ここでは，ホログラムが作られる光学系の分類として，いくつかのホログラム作成の方法について述べよう．8.3 あるいは 8.4 節で説明したホログラム形成においては，物体からの回折光をフレネル伝搬させ平面波と干渉させている．このようなホログラムはフレネルホログラムと呼ばれ，最も多く使われている．

これに対し，物体の回折する光に対し，十分遠い距離，すなわちフラウンホーファー条件の成り立つ場所においてホログラムを作ることができる．このようなホログラムは，物体のフーリエ変換面にあるので，フーリエ変換ホログラムと呼ばれる．物体は有限な大きさを持つので，ホログラムを物体の置かれた場所から十分遠方に置くというのは実際的ではない．そこで，レンズを用いて有限な距離でフーリエ変換を実現する．すでに 5.2 節でも述べたように，レンズの焦点面はフーリエ変換面である．そこで，図 8.5 に示すように，レンズの焦点面にホログラムを置き，物体からの光をレンズで集光させ，この位置で参照光との干渉じまを記録すると，フーリエ変換ホログラムを作ることができる．この方法を用いると，ホログラムの情報を面積的に狭い範囲に圧縮でき，物体情報の高密度記録する方法として適しているといえる．

レンズを用いるフーリエ変換では，図（a）に示すように，レンズの前焦点位置に物体と参照光となる点光源を置き，物体と点光源のフーリエ変換をレンズ後ろ焦点位置に作り，これらを干渉させホログラムを形成する．1 次元座標を仮定し，点光源の位置が x 座標上で $x=-d$ の位置にあるとすると，ホログラムの強度分布は

$$I = 1 + |U_o(\nu_x)|^2 + \exp(i2\pi d\nu_x) U_o^*(\nu_x) + \exp(-i2\pi d\nu_x) U_o(\nu_x) \tag{8.9}$$

8.5 いろいろなホログラム

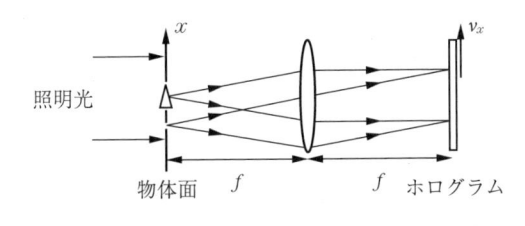

(a) ホログラムの記録

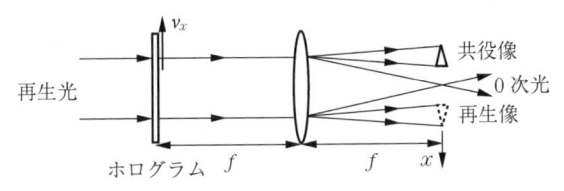

(b) ホログラムの再生

図 8.5 フーリエ変換ホログラム

となる。ホログラムの再生においては，図（b）に示す光学系で，やはりレンズの前焦点位置にホログラムを置き，レンズによるフーリエ変換として，像再生を行う。したがって，再生像の複素振幅は

$$u(x) = \delta(x) + u_o(x) \otimes u_o(x) + u_o^*(x-d) + u_o(x+d) \tag{8.10}$$

となる。これからわかるように，式（8.10）の第4項がホログラムの再生像となる。第3項は同じ焦点面において再生像に対してx座標上で180°反転した共役像（実像）である（ここでは，x座標を下向きにとっていることに注意しよう）。第1項，第2項は，レンズ焦点面の光軸上付近に収束する0次回折光と，ホログラムをそのまま透過した平面波成分である。

ホログラム記録として，レンズ結像面にホログラム記録材を置き，像と参照光との間のホログラムを作る場合をイメージホログラムという。**図 8.6**に示すように，レンズを用いて結像面にホログラムを作る。ホログラムの再生におい

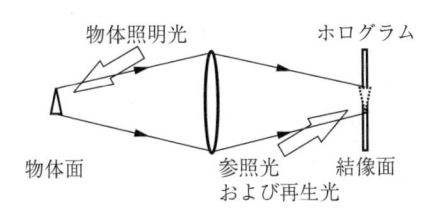

図 8.6 イメージホログラム

ては，レンズを用いてホログラムに再生光を照射すると，像面にホログラムが再生される。このホログラムの再生像はホログラムの近傍にでき，再生光の波長スペクトル帯域が有限な幅を持つ場合（白色光照明など）でも像のボケは軽微であるという特徴がある。しかし，像のできる視野が狭く見にくいという欠点がある。

ホログラムは，3次元物体情報について物体とホログラムとの距離を光の位相差におき換え，それを干渉じまという光強度分布として記録する方法である。したがって，元来ホログラムは，光強度を変調した振幅ホログラムである。一方，9章で述べるように，銀塩を使ったホログラムの場合では，黒化した銀粒子をブリーチという方法で透明にし，ホログラムを通過する光の強度変化を位相に変換する方法がある。あるいは，やはり9章で述べるように，位相変調型の空間光変調素子を使い，干渉じま強度分布を位相変化におき換えることができる。このようなホログラムは位相ホログラムと呼ばれる。位相ホログラムでは，再生光の吸収がないため，明るいホログラム再生像を得ることができる。実際，ホログラフィ再生時において，照明する再生光と再生される像の光量比，すなわち回折効率は重要な課題であり，次節でこのことについて触れる。この点で位相ホログラムは振幅ホログラムより光の使用効率がよい方法である。

ホログラムは波面制御の素子としても利用されている。実際，計算機を用いたホログラムを時間的にダイナミックに変化させて，波面制御による光ピンセットの操作などが行われている。ホログラムは2次元，3次元情報を変換し記録するメモリである。しかし，ディジタルメモリとは異なり，アナログ的なメモリであり，その情報はホログラム面でその面上に分散して記録されている。したがって，ホログラム一部が欠損しても，ホログラムの一部欠損は信号対雑音比（SN比）に影響を及ぼすものの，情報そのものがなくなることはない。この点において，ホログラムメモリはディジタルメモリとは大きく異なる。このようなメモリは，ディジタルメモリに対して分散メモリと呼ばれる。

◆ 8.6 ホログラムの回折効率 ◆

　ホログラムの書込み形態としては，振幅型，位相型などがあることについて述べた．これまでの議論では，ホログラムを書き込む記録媒体の記録層の厚みは，暗に光の波長よりも薄いという仮定をしていた．しかし，銀塩などのホログラム記録媒体でも，通常厚みは 10 μm 程度あり，ホログラムの回折効率（光の利用効率）を考えるときには，実際にはこの厚みを無視することができない．ここでは，厚みのあるホログラム記録について調べる前に，記録層の厚みを十分薄いとしたときのホログラムの回折効率について述べる．

　まず，光に対する吸収がある振幅ホログラムについて，書き込まれた記録層が薄い場合について考えてみよう．簡単のために，記録されたホログラム上の干渉じまは余弦関数変調されたものとする．後の計算がわかりやすくなるように，座標を x 方向への1次元で考え，光の振幅透過率を最大で1として，ホログラム通過後の光の振幅を

$$t(x) = \left(1 - \frac{m}{2}\right) + \frac{m}{2}\cos\left(2\pi\frac{x}{p}\right) \tag{8.11}$$

とする．ここで，p はホログラムに書き込まれた干渉じまのピッチ，m は干渉じまの変調度で $0 \leq m \leq 1$ である．ホログラム透過率の式（8.11）は

$$t(x) = \left(1 - \frac{m}{2}\right) + \frac{m}{4}\left\{\exp\left(i2\pi\frac{x}{p}\right) + \exp\left(-i2\pi\frac{x}{p}\right)\right\} \tag{8.12}$$

と書き換えられる．この式で，右辺の後ろの括弧の式の第1項目はホログラムの再生像に相当する振幅，第2項は共役像の成分である．ホログラムの回折効率は，ホログラムへの入射光量と再生像の回折光強度との比として定義される．ホログラムへの入射光量が1と規格化されているので，回折効率 η は光強度として

$$\eta = \left(\frac{m}{4}\right)^2 \tag{8.13}$$

となる．干渉じまの変調度を最大として $m=1$ とすると，振幅型のホログラム

の最大回折効率として $\eta = 0.0625$ が得られる。

次に，位相型ホログラムの回折効率を考えてみよう。位相型ホログラムの振幅透過率を，ここでは複素表示として

$$t(x) = \exp\left\{im\cos\left(2\pi\frac{x}{p}\right)\right\} \tag{8.14}$$

と表す。この場合も入射光量を1で規格化されているものとする。振幅型の場合と同様に，m は位相変調度，p は干渉じまピッチである。式 (8.14) は，ベッセル関数を使い

$$t(x) = \sum_{n=-\infty}^{\infty} i^n J_n(m) \exp\left(i2\pi n\frac{x}{p}\right) \tag{8.15}$$

と級数展開することができる。ここで，$J_n(z)$ は n 次第1種のベッセル関数である。位相型のホログラムでは，干渉じまの変調が余弦関数であっても，±1次光以外にも，式 (8.15) からわかるように高次の回折光が発生する。このうち $n=1$ に相当する回折光がホログラム再生光であるから，この成分の展開係数がホログラムの再生振幅を表す。したがって，回折効率は

$$\eta = \{J_1(m)\}^2 \tag{8.16}$$

となる。回折効率は $m=1.84$ で最大値をとり，$\eta = 0.339$ となる。一般的に，位相型ホログラムでは振幅型に比べ回折効率を大きくすることができる。

◆ 8.7 体積ホログラム ◆

前節で，薄い記録層のホログラムについて述べた。しかし，実際のホログラムでは多少とも厚みを無視することができない。銀塩以外のホログラム記録媒体以外でも，液晶や高分子ポリマーを用いたホログラム記録素子なども厳密には厚みが無視できない。また，ここに述べるように，体積ホログラム（あるいはボリュームホログラムと呼ばれる）として記録することにより，光の利用効率を向上させることもできるため，体積ホログラムの理解は重要である。ここでは，厚い記録層への体積ホログラムについて述べ，その回折効率について，

8.7 体積ホログラム

位相型のホログラムを例にとり調べる。厚いホログラムでは，再生光の透過率（振幅）または屈折率が周期的に変化する層で構成されている。通常，ホログラムでは，ホログラム面に対する垂線について±0〜90°の範囲で物体光，参照光が入射し，干渉じまを記録することになる。一方，体積ホログラムでは，これ以外にも180°で対向する波面での干渉じまも記録することができる。図8.7に，体積ホログラムについて，通常のようにホログラム面に対し同じ方向からの物体光と参照光で形成したホログラムの干渉じまと，たがいに反対側から形成したホログラムの干渉じまを示した。後者の場合には，再生像はホログラムからの反射光として形成される。

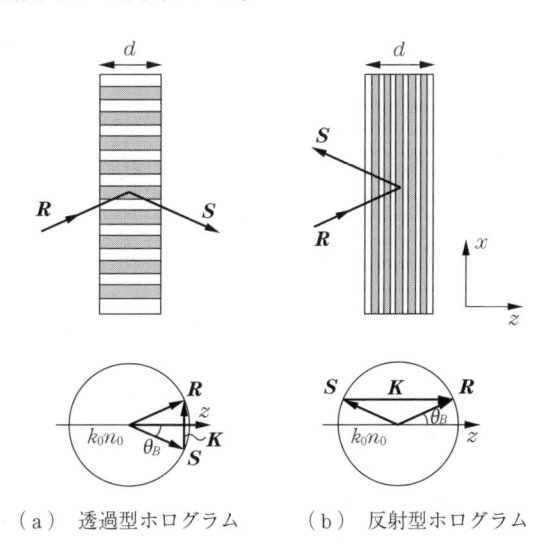

（a）透過型ホログラム　　（b）反射型ホログラム

図 8.7　体積ホログラムにおける再生時の光の回折

図に示すように，ホログラムを単純な回折格子とし，干渉じまの格子ベクトル K を $|K|=K=2\pi/\Lambda$（Λ は格子の周期）とし，格子状のしまの方向と z 軸のなす方向を ϕ とする。すなわち，透過型の場合（図（a））には $\phi=0°$，反射型の場合には $\phi=90°$（図（b））である。図の下の段に再生光とホログラム回折光の波数ベクトルの関係を示した。この図で R は再生光，S はホログラム回折光である。体積ホログラムの場合には，層状の周期構造からのブラッ

グ回折条件を満たす入射光条件のときのみ,ブラッグ角を満たす方向に強い回折光が得られる。この条件は

$$\cos(\psi - \theta_B) = \frac{K}{2k_0 n_0} \tag{8.17}$$

となる。ここで,θ_B はブラッグ回折角,n_0 はホログラム媒質の屈折率,k_0 は真空中の光の波数である。このブラッグ角からはずれる入射光の回折は減衰が大きく,回折光とはならない。

以下では,体積ホログラムにおける回折効率について述べよう。体積ホログラムにおいても,一般的には記録媒質内で光の吸収と位相変化の両方を考慮する必要がある。しかし,一般的な議論は多少複雑であるため,ここでは位相型の体積ホログラムを例にとり,図(a)の場合について,その回折効率を計算する。光吸収がある場合には,光の伝搬常数 k を実数ではなく $k+i\alpha$(α は光の吸収率)のようにおき換えることにより,以下の議論を一般化できる。しかし,以下では光の伝搬定数は実数と仮定する。ブラッグ回折の場合,ホログラム媒質内では,再生光 R とホログラム回折光 S が共存する。したがって,体積ホログラム内での光の複素振幅を

$$U(\boldsymbol{r}) = R(z)\exp(i\boldsymbol{\rho}\cdot\boldsymbol{r}) + S(z)\exp(i\boldsymbol{\sigma}\cdot\boldsymbol{r}) \tag{8.18}$$

と記述することができる。ここで,$\boldsymbol{\rho}$,$\boldsymbol{\sigma}$ はそれぞれの波数ベクトル,$\boldsymbol{r}$ はホログラム内の位置ベクトルである。ホログラムの厚みを d として,$z=0$ において $R(0)$ で入射した再生光がホログラムの出射端で $S(d)$ となる回折光振幅になる。体積ホログラムの回折効率は

$$\eta = \left|\frac{S(d)}{R(0)}\right|^2 \tag{8.19}$$

と定義される。

次に,回折効率の具体的計算をやってみよう。複素振幅 $U(\boldsymbol{r})$ は,3章で述べたヘルムホルツ方程式 $\nabla^2 U + k^2 U = 0$ を満たすものとする。k は媒質中の光の伝搬の波数を表し,ホログラムは位相変調のみであることを考慮すると

$$k = k_0\{n_0 + n_1\cos(\boldsymbol{K}\cdot\boldsymbol{r})\} \tag{8.20}$$

と書ける。n_1はホログラム位相の屈折率変調度である。式 (8.18)，(8.20) をヘルムホルツ方程式に代入し，RとSについての解を求める。このとき，RとSはzに対して，光の周波数に比べゆっくりと変化するという条件 (slowly varying envelope approximation, SVEA 近似)，およびn_1はn_0に比べ十分小さいとして，以下のような簡単な結合微分方程式にまとめることができる。

$$\cos\theta \frac{dR}{dz} = i\frac{1}{2}k_0 n_0 S \tag{8.21}$$

$$\cos(\theta - 2\phi) \frac{dS}{dz} = i\frac{1}{2}k_0 n_0 R \tag{8.22}$$

上記の微分方程式の導出において，ブラッグ条件 $\boldsymbol{\sigma} = \boldsymbol{\rho} - \boldsymbol{K}$ のみを考慮した。また，計算の過程で $\boldsymbol{\sigma} - \boldsymbol{K} = \boldsymbol{\rho} - 2\boldsymbol{K}$，$\boldsymbol{\rho} + \boldsymbol{K} = \boldsymbol{\sigma} + 2\boldsymbol{K}$ などの項が計算の途中で出てくるが，これらはブラッグ条件を満たさない項として省略した。さらに，式 (8.21)，(8.22) の導出では，得られたヘルムホルツ方程式に対しそれぞれ $\exp(-i\boldsymbol{\rho}\cdot\boldsymbol{r})$，$\exp(-i\boldsymbol{\sigma}\cdot\boldsymbol{r})$ を掛け，光の伝搬方向z軸に対し直交するx方向について積分し，さらにブラック条件を用いて，式 (8.21) あるいは式 (8.22) のようにまとめられることを使った。実際のホログラムの再生では，入射光の波数 $k_0 n_0$ と回折光の波数 σ との間にずれ (離調) があるため，この効果も考慮する必要があるが，簡単のためここではその効果は考慮していない。

ホログラムの入射端面では，$S(0) = 0$，$R(0) = 1$ であるから，これを初期値として微分方程式 (8.21)，(8.22) を解き，$z = d$ の出射端面における S の値として

$$S(d) = i\sin\Phi = i\sin\left(\frac{k_0 n_1 d}{2\cos\theta_B}\right) \tag{8.23}$$

を得る。したがって，入射光に対する出射光の比として，回折効率は

$$\eta = \left|\frac{S(d)}{R(0)}\right|^2 = \sin^2\Phi \tag{8.24}$$

と与えられる。位相型体積ホログラムの回折効率は，ホログラムの厚み d，位

相変調度 n_1 に依存して周期的に変化し，適当な条件下で最大 $\eta=1$ とすることができる．光吸収のある場合の体積ホログラムの回折効率は，煩雑ではあるが光の吸収率 α を考慮し，位相ホログラムの場合と同じ方法により計算することができる．ここでは，その過程は示さないが，振幅型の体積ホログラムにおける最大回折効率は $\eta=0.037$ と計算される．

以上のように，体積ホログラムでは位相型にすることにより，光の利用効率を著しく向上させることができることがわかった．ここで述べた，入射波と結合波が同時に存在する結合方程式の解析方法は応用範囲が広く，分布帰還型の半導体レーザ（DFB（distributed feedback）レーザ）やブラッグ反射半導体レーザ（DBR（distributed Bragg reflector）レーザ）におけるレーザ導波路の光の反射結合の機構の解析として用いられる．また，9章で述べる位相共役結晶（photo-refractive crystal）を使ったホログラムの実時間記録や位相共役光発生によるビーム制御などの解析においても，ここで述べた方法は有効な方法である．

◆ 8.8 ホログラフィ干渉 ◆

通常の写真では，フィルムに絵を2枚重ねてみると，その絵は非常に見にくいものになる．それに対して，ホログラフィの特徴は，画像情報の多重化ができるという利点がある．例えば，ホログラム上に多数の像が記録され，それぞれの再生方向が異なるようにしておけば，それぞれの画像を区別して見ることができる．特に，前節で述べた体積ホログラムは，このようなホログラムの多重化に適した方法である．実際，100～1 000の画像をホログラムとして多重記録，再生している例もある．一方，二つの像を考え，その再生面で像が重なる場合にはどのようなことが起こるであろうか．コヒーレント光を用いてホログラムの再生を行うと，二つの再生像どうしの干渉が起こる．この干渉効果を使うと，物体が変形，変位，振動などの機械運動を行ったときのある時間内の変化を計測することが可能になる．しかも，この計測法では，光の干渉の原理に

8.8 ホログラフィ干渉

基づき，物差しは光の波長であるため，非常に微小な変位量などが測定できる。ここでは，このようなホログラフィ干渉の原理について紹介する。

ホログラフィ干渉法としては，物体の変位前後のホログラムをそれぞれ記録する二重露光法，ある時刻における基準となるマスタホログラムを作りそれと実時間で変位量を検出する実時間法，ある時間間隔で時間平均としてホログラム記録を行い物体面の動的部分と静的部分とを取り出すことができる時間平均法などがある。

ここでは，基本となる二重露光法について述べる。二重露光法においては，最初は通常のホログラムを作るときと同様に，ある時刻で物体にレーザ光を照射しホログラムを作る。次に，異なる時刻において物体に変位が起こったときに，1回目と同じ方法で同じホログラム上に重ねて記録を行う。再生光としては，ホログラムを作ったときと同じ参照光を用いる。図 8.8 に示すように，再生されたホログラムからは 1 回目と 2 回目に記録された波面が重なって発生するが，実像ができる面において二つの波は干渉し，干渉じまが形成される。この図では，ある時刻における物体（変形が容易なヒューズ）のホログラムを 1 回露光し，さらに物体に力を加え変形させ，2 回目のホログラムを同じ記録素子（この場合は銀塩のホログラム乾板）上に 1 回目と同じ露光時間で二重露光記録する。そして，このホログラムを通常と同様に再生光で再生すると，図に

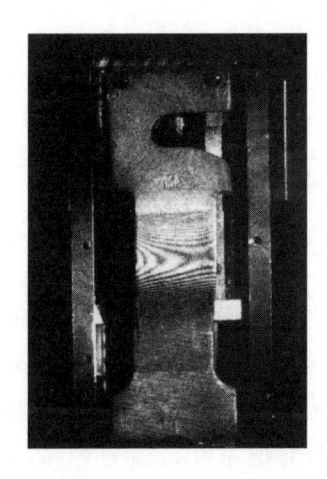

図 8.8 ホログラフィ干渉を使った変形測定（松田浄史氏提供）

示すように1回目と2回目のホログラム再生波面が干渉し，変形が大きいところは干渉じまが密に，変形が少ないところは干渉じまが疎になった像となる。この干渉じまの適当な点を基準とすると，各位置の変形量を波長を物差しとして計算することができる。

次に，この二重露光法の干渉じまの形成について数式を用いて調べてみよう。物体の変位は微小であり，物体光の振幅変化は変形前後で小さいものとする。再生される実像は，物体光の変位前と後の振幅を u_{o1}^*, u_{o2}^*，その位相をそれぞれ ϕ, $\phi+\Delta\phi$ として

$$u_{o1}^*(x,y) = |u_o(x,y)|\exp\{-i\phi(x,y)\} \tag{8.25}$$

$$u_{o1}^*(x,y) = |u_o(x,y)|\exp[-i\{\phi(x,y)+\Delta\phi(x,y)\}] \tag{8.26}$$

となる。ただし，$\Delta\phi$ は微小な位相の変化分であり，振幅の絶対値は両者で等しいものとしている。像面における光強度分布は

$$I(x,y) = |u_{o1}^*(x,y) + u_{o2}^*(x,y)|^2$$
$$= 2|u_o(x,y)|^2[1+\cos\{\Delta\phi(x,y)\}] \tag{8.27}$$

となる。すなわち再生像に，変位に伴う干渉じまの項 $\cos\{\Delta\phi(x,y)\}$ が重なる。このことから，$\Delta\phi=2m\pi$（m：整数）となる変化部分では光強度は明るくなり，$\Delta\phi=2m\pi+\pi$ となる部分では暗い干渉じまが形成される。ホログラムは一般に物体からの反射光を記録することが多いため，このときには $\lambda/2$ ごとの物体表面の変位にそった干渉じまが得られることになる。この干渉じま間隔から，ホログラム撮影間隔における物体変位の量を計算することができる。

◆ 8.9 ホログラムを用いる相関フィルタ ◆

文字やパターンの類似度，相関を光学的に調べる方法がいくつか提案されている。7.8節では，結合相関（JTC）による画像相関の方法について述べた。ここでは，もう一つの方法としてよく使われるホログラフィを用いた相関測定方法について述べよう。この方法では，参照画像を用いたホログラムをフーリ

8.9 ホログラムを用いる相関フィルタ

エ面で作り，相関のためのフィルタとする．相関測定においては，調べる画像をフーリエ変換し，このホログラフィックフィルタとの積をとり，この合成波面を再度フーリエ変換することにより，調べる画像と参照画像との相関結果が得られる．この方法は，マッチトフィルタと呼ばれるものである．

図 8.9 はマッチトフィルタの光学系を示したものである．比較したい元画像関数を $f(x,y)$ とし，そのフーリエ変換を $F(\nu_x,\nu_y)$ としよう．フィルタリング光学系において，フィルタ面であるレンズ1の後ろ焦点位置に，光振幅の透過率分布が

$$F^*(\nu_x,\nu_y) = |F(\nu_x,\nu_y)|\exp\{-i\phi_f(\nu_x,\nu_y)\} \tag{8.28}$$

となるフィルタを置く．$\phi_f(\nu_x,\nu_y)$ は，関数 $F(\nu_x,\nu_y)$ の位相である．

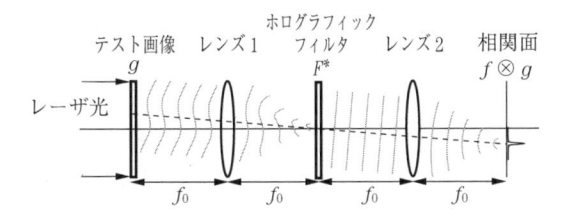

図 8.9 マッチトフィルタの光学系

このフィルタは複素の値を持ち，振幅の透過率分布が $F^*(\nu_x,\nu_y)$ となるようにホログラフィックな方法により作られる．このフィルタがレンズ1の後ろ焦点面に置かれているとき，入力テスト画像を $g(x,y-d)$ をとしてみよう．ここでは，像の相関がどこにできるかについて明らかにするために，入力画像の位置を y 座標において d だけずらしておこう．この画像のフーリエ変換は

$$\mathrm{FT}[g(x,y-d)] = |G(\nu_x,\nu_y)|\exp\{i\phi_g(\nu_x,\nu_y)\}\exp(-i2\pi\nu_y d) \tag{8.29}$$

と表される．このフーリエ変換の右辺最後の指数項は，画像の位置が y 軸方向に d だけずれていることにより，光軸に対してずれた方向にこの画像の作る光線が向くことを示している．画像は，レーザ光のようなコヒーレントな平行光で照明されるものとする．この光がフーリエ変換面でフィルタ関数を通過

すると，フィルタを通過した直後の光の振幅として

$$\mathrm{FT}[f(x,y)] \cdot \mathrm{FT}[g(x,y-d)]$$
$$= |F(\nu_x,\nu_y)||G(\nu_x,\nu_y)|\exp[i\{\phi_g(\nu_x,\nu_y)-\phi_f(\nu_x,\nu_y)\}]\exp(-i2\pi\nu_y d) \tag{8.30}$$

が得られる。

もし，$g(x,y)=f(x,y)$ であれば，フィルタ通過後の光の振幅は

$$\mathrm{FT}[f(x,y)] \cdot \mathrm{FT}[g(x,y-d)] = |F(\nu_x,\nu_y)|^2 \exp(-i2\pi\nu_y d)$$

となるが，これは平面波である。このとき，レンズ2の後方の焦点面において，この光の振幅は

$$f(x,y) \otimes f(x,y+d) = \iint f(\xi,\eta)f(\xi-x,\eta-y-d)\,d\xi d\eta \tag{8.31}$$

となり，y方向に$-d$だけずれた位置に相関ピークを持つパターンが得られる。これは，$-d$の方向に傾いた平面波をレンズ2によって収束させることに対応し，この相関位置に鋭いピークを持つ光強度分布が得られる。一方，$g(x,y) \neq f(x,y)$のときには，フィルタ通過後の光は平面波ではなくなる。レンズ2の後方の焦点面（相関面）では

$$f(x,y) \otimes g(x,y+d)$$

となる。フィルタ通過後の光の波面が平面でないことにより，この相互相関パターンは鋭い相関ピークは持たず，光の強度分布も広がったものとなる。したがって，鋭い相関ピークが得られるかどうかによって，入力画像関数が比較したい画像かどうかの判定ができる。この方法を用いると，画像間の単純な比較だけでなく，いくつかの文字を含む文章の文字検索などにも応用できる。

しかし，ホログラムは元来振幅と位相からなる複素振幅情報であり，実際のフィルタとして表示するのに必ずしも適しているとはいえない。7.8節で述べた結合相関（JTC）では，比較するべき元画像と調べる参照画像を同じ入力面に置き，2回のフーリエ変換によって相関を調べるため，マスタホログラムを作る必要もない。そのため，JTCのほうが実際に適した方法といえ，実用的に多く使われている。

演 習 問 題

- 8.1 フーリエ変換ホログラムの再生像の複素振幅は，式（8.10）となることを計算により確かめよ。
- 8.2 位相型ホログラムの場合に，式（8.14）をフーリエ級数展開することにより，振幅透過率が式（8.15）で与えられることを確かめよ。
- 8.3 層状の格子からの回折光の条件がブラッグ条件式（8.17）となることを計算せよ。
- 8.4 体積ホログラムの振幅式（8.18）をヘルムホルツ方程式に代入し，SVEA近似を用いることにより，結合微分方程式（8.21），（8.22）の関係式を導け。
- 8.5 式（8.21），（8.22）を解き，式（8.23）を導け。
- 8.6 ホログラフィ干渉の光強度分布が，式（8.27）で計算できることを示せ。

9 フォトニクス情報処理デバイス

　これまで述べてきたフォトニクス情報処理のためには，従来の画像取得，処理デバイスとは異なるデバイスが必要である。それらの素子として，空間光変調素子と呼ばれるものが用いられる。これらの素子は，古くからの写真技術の考え方に基づいている。ただし，写真をテレビのようにリフレッシュして繰り返し使えるような素子が望まれる。そのような光波面を操作制御できる素子やデバイスとして，さまざまなものがこれまで提案され淘汰されてきたが，現在でも依然として確固たる技術が確立されているわけではない。本章では，原理的に重要と考えられる素子，デバイス，今後フォトニクス情報処理において有望と考えられるものについて解説する。したがって，通常の電子画像取得のためのCCD，CMOS撮像素子等についてはここでは触れない。

◆ 9.1 写真フィルム ◆

　写真フィルムに代表される銀塩感光媒体は，現在ではディジタル撮像素子にとって代わられており，画像を扱う通常のユーザとしてその必要性を感じることはあまりない時代になっている。しかし，19世紀初頭に出現したフィルム写真の以後200年近い歴史は，その後の画像取得，処理に大きな影響を与え，画質の比較，画像操作の標準的処理の中に依然として生き続けている。このような観点から，写真フィルムの成り立ち，その機能を知っておくことは有意義である。ここでは，古くからある銀塩材料の性質，特性について述べてみよう。

　写真フィルムの代表例は，光に感度のある銀塩乳剤（ハロゲン化銀）をプラスチックフィルムあるいはガラスなどの透明シートの上に塗布し，ゼラチンによって固定化したものである。通常の撮像では，光の照射によってハロゲン化

9.1 写真フィルム

銀に光が当たり,その光量に比例して銀原子が析出する。これを,現像,定着の化学プロセスによりハロゲン化銀を取り除き,安定した銀粒子を保持する。銀粒子は黒化しており,現像されたフィルム上の銀粒子は光を吸収する。これにより濃淡のある画像がフィルムに形成される。

銀粒子自体は μm 以下のサイズであり,画像解像度としては 5 000 lp/mm,コントラスト比も 1:1 000 程度と高い。しかし,光量に対する感度を上げるためには,析出する銀粒子の集団を大きくする必要があり,通常の照明下で写真のシャッター速度を手ぶれのない程度にすると,おおむね 100 lp/mm となる。35 mm フィルムでいうと,3 500 本相当の画素数ということになり,従来のアナログテレビの NTSC 規格に対し格段の画素数であったが,いまやハイビジョンやスーパーハイビジョン規格からすると同程度のものとなっている。

そして,なによりも銀塩フィルムは,撮像時間の速さに対してはディジタル撮像には遅れはとらないとはいえ,通常の現像,定着処理には数分から数十分の時間がかかり,撮像後から像を表示するまでの時間はオフラインといわざるをえない。光学的手法を使った情報処理の研究が盛んになり始めた頃には,ディジタル画像の質が写真を上回るまでには相当な時間を要するだろうという予測があった。しかし,もちろんフィルム写真の優れた点はあるものの,現在ではディジタル撮像技術で十分に足りるようになっている。逆に,ほぼリアルタイムで取り込んだ画像を再生できるという点では,現在のディジタル技術のほうが優れているといえる。

次に,銀塩フィルムの露光に対する銀粒子の析出濃度(光学濃度)の特性を見てみよう。銀粒子の析出の程度は,入射光量に依存する。光強度 I,露出時間を t とすると,トータルの光量は

$$E = It \tag{9.1}$$

であり,この光量(露光量)と銀粒子析出の光学濃度 D との間には,**図 9.1**(a)に示すような関係がある。座標の横軸が $\log_{10} E$ となっていることに注意してもらいたい。この曲線は H–D(Hurter–Driffield)曲線と呼ばれ,写真フィルム以外の撮像デバイスでも,画像の露光と表示に対する指標として用いら

(a) 写真のH-D曲線

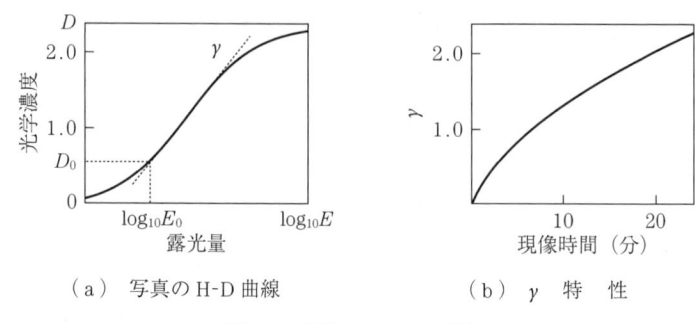

(b) γ特性

図9.1 銀塩フィルムの特性

れる概念になっている。H-D曲線の直線近似ができる部分の傾きは，ガンマ値と呼ばれている。一般に，光学濃度Dと写真フィルムの光強度透過率Tとの間には

$$D = \log_{10}\left(\frac{1}{T}\right) \tag{9.2}$$

の関係がある。図（a）に示すH-D曲線の光学濃度D_0と露光量E_0を使うと

$$D - D_0 = \gamma \log_{10} E - \gamma \log_{10} E_0 = \gamma \log_{10}\left(\frac{I}{I_0}\right) \tag{9.3}$$

が得られる。ここで，γはガンマ値である。式（9.3）を使うと，写真フィルムの光透過率は

$$T = K I^{-\gamma} \tag{9.4}$$

と与えられる。ここで，$K = (T_0/I_0)^{-\gamma}$は定数である。この関係は，撮影の白黒が反転するいわゆるネガフィルムの例である。

ガンマの値は，ディジタル撮像においても定義され，画像に対する露光と表示の間の重要な関係を表している。このγの値は適当に変化させることができ，写真フィルムの場合には，図（b）に示すように，銀析出のための現像時間の長さに比例してγの値が大きくなる。γが大きな値では$\gamma = 2$となり，いわゆる「硬い写真」，高コントラスト写真となる。ここでは，ネガフィルムについて述べたが，ポジフィルムの場合にも同様な議論をすることができる。写真フィルムにおいては，基本的に銀塩を析出させることにより光の吸収率を制御するわけであるから，光に対する感度を高めるためには銀塩の析出感度を上げるとよ

い。しかし，感度を上げることは生成される銀のサイズを大きくすることであり，したがって画像に対する分解能が低下することになる。写真に限らず，電子デバイスによる撮像においても，感度を上げるためには撮像を行う各素子の面積を広くする必要があり，感度と分解能との間には相反関係がある。写真に限らず，使う素子の材料としての特性が決まっているときには，画像の書込み感度 E（書込みエネルギー）と分解能 R の間には，一般に

$$\log_{10}R = -r_0(\log_{10}E - \log_{10}E_R) \tag{9.5}$$

の関係がある。ここで，r_0 は材料ごとで決まる係数，E_R は単位分解能（$R=1$）における書込みエネルギーである。

　写真フィルムは元来光強度変調媒体として考えられるが，これを化学処理することにより光の位相変調媒体としても使うことができる。フィルムの現像処理後にフェロシアン化カリウム溶液に溶かすと，銀粒子はフェロシアン化銀となるが，これは可視光に対して安定で透明である。しかし，光に対する屈折率が周辺と異なるため，フェロシアン化銀の多いところと少ないところでの光の位相差が生じる。このような操作を写真のブリーチ（bleach）あるいは漂白と呼んでいる。実際，このような位相変化フィルムは，位相型ホログラムの一種であるキノフォームとして使われている。このような光に対する位相変調の考え方は，ディジタル素子を使った位相変調にも引き継がれている。

　最後に，写真とディジタル撮像との決定的違いについて簡単に触れておこう。テレビに代表されるディジタル技術では，一般に撮像素子の画素という概念が明確にあり，この画素に書き込まれる電子情報を逐次時系列データとして取得し，それを2次元画像であるかのように再構築する，いわゆる走査という概念が存在する。それに対し，写真フィルムでは，ここで見たように銀粒子集団の析出に起因する最小光書込み分解能は存在するが，画素という明確な概念はない。また，シャッターオープン時での画像をすべて同時刻で並列に書き込んでおり，画像取得において時系列走査の概念はない。すなわち，ディジタル技術はあくまでも逐次処理であり，写真フィルムは並列処理である。それぞれに特徴はあるが，この並列処理は光技術におけるキーになりうる。ディジタル技術

においても本質的には逐次処理でありながら，並列処理並みのパフォーマンスをあげるさまざまな工夫がなされている．フォトニクス情報処理は光の並列処理を目指す分野の体系であり，この技術の実現に向けた光並列素子の開発が強く望まれている．

◆ 9.2 空間光変調素子 ◆

前節の最後のところで述べた並列処理を具現する方法，すなわちテレビを写真のようにという努力が半世紀近く行われてきた．すなわち，光画像の並列書込みでありながら，テレビのように短時間でリフレッシュできる素子の開発である．このような素子は空間光変調素子（SLM：spatial light modulator）と呼ばれる．最初の空間変調素子は，書込み光の強度分布を強誘電性結晶面に投影し，それによって発生するポッケルス効果を通した光位相変化を，別の読出し光によって再生する，インコヒーレント光書込み，コヒーレント読出し素子として開発された．その後，さまざまな無機，有機，半導体空間光変調素子の提案，技術改良がなされてきたが，現在主流であり将来とも有望なものは，液晶光空間変調素子とMEMS（micro electro mechanical systems：微小電気機械システム）空間光変調素子であり，ここではその二つの例について，その原理を中心に述べる．

その前に，画像の書込みの方式について触れておこう．空間光変調素子のそもそもの考え方は，前節で述べた写真をダイナックに書込み書換えをやろうという発想によるものである．しかし，実際の工学応用として，景色などを直接写真に撮り込むような場合だけではなく，電子的に送られてきた画像を光処理することが頻繁に行われる．このため，空間光変調素子としては，画像の読出しは必ず光であるが，書込みについては，写真のようにある時刻の像を並列に一度に書き込む「光書込み」方式と，時系列画像データを電気的情報から光変換する「電子書込み」方式の二つの分類がある．以下で紹介する例で説明すると，光書込みは，例えば液晶空間光変調素子で，光画像（インコヒーレント，

コヒーレント光いずれでもよい）を一度に並列に素子面に照射投影し，これを液晶表面でのフォトセンサの抵抗変化分布などに変換するものである．さらに，この抵抗変化分布によって発生する液晶分子の偏光回転や屈折率変化を読出し光の情報として検出し，さらにそれを光強度変化分布とする方式である．

一方，電子書込みでは，液晶素子を例にとると，例えば時系列画像データを表示する電子デバイス（CMOS画像センサなど）を液晶素子と一体化し，電子デバイスに電気的に書き込まれた画像データに対応した，各画素上に置かれたフォトセンサの電気抵抗を変化させて，これを液晶分子の偏光回転，屈折率変化に変換する方法である．この二つの方式の違いは，前にも述べたように，光書込みでは書込みが並列に一度に書き込まれるのに対し，電子書込みでは時系列データとして画像が逐次型走査として書き込まれる点である．したがって，フォトセンサの感度にもよるが，画像書込みに要する時間でいうと，光書込みのほうが一般に書込み時間を短くすることができる．

9.3 液晶空間光変調素子

液晶は，通常の液体，結晶とは違い分子の長軸方向が自発的にある方向にそろうために巨視的な異方性を示す物質である．その構造は，図9.2（a）に示

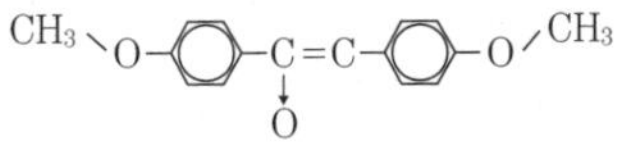

（a） PAA ネマチック液晶分子

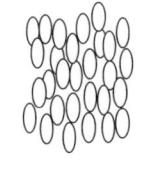

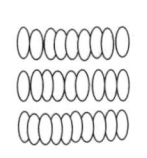

（b） ネマチック液晶の配向　　（c） スメクチック液晶の配向　　（d） コレステリック液晶の配向

図9.2　液晶分子の例と液晶の配向

すようなベンゼン核と炭素や窒素，酸素などからなる特定の方向に長軸を持つ高分子である。図（a）は，PAA (p-azoxy-anisole) ネマチック液晶分子の例である。このネマチック液晶は比較的低分子構造であるが，このほかにも液晶の性質を示す高分子は多数ある。液晶の名のように，液晶は常温で液体と結晶としての両方の性質を持ち合わせている。低温では比較的秩序のある固体としての性質が顕著で，高温においては液相としての性質となる。液晶は，通常数℃から数十℃程度の温度範囲で結晶と液体としての両方の性質を兼ね備えている。したがって，結晶のように分子配向の秩序は持っているが，液体の性質として，液晶分子は比較的自由に回転することができる。

図（b）はネマチック液晶と呼ばれる種類の液晶の配向を表しているが，異なる種類の液晶分子，あるいは同じ分類の液晶であっても，個々の液晶ごとに構造，配列は異なる。それらを液晶の配向と液晶としての秩序として見ると，よく用いられる液晶としては図（b）〜（d）のように大きく3種類に分類される。これらの図は，ラグビーボール状のものが単一の液晶高分子を表し，液晶素子のある断面を見たものである。ネマチック液晶では，比較的分子はばらけて配置されており，したがって液晶分子は容易に動くことが可能である。後で示すように，制御の容易さから，画像表示素子，液晶空間光変調素子としてネマチック液晶が最も多く用いられている。

図（c）はスメクチック液晶と呼ばれるものであるが，この液晶はネマチック液晶より規則性があり，強誘電性としての性質を持つもの（スメクチックC液晶など）は，しばしば高速応答する表示素子としても用いられる。

図（d）はコレステリック液晶と呼ばれるものであり，層状の構造をなしており，層ごとに分子配向が異なる。液晶分子の性質として，ラグビーボール状のような構造の分子が多いことを述べたが，光に対して分子の長軸方向とそれに垂直な方向とで屈折率が異なる，いわゆる複屈折素子としての性質を持つ。長軸方向は異常光線の方向となり（屈折率 n_e），それに垂直方向は常光線方向（屈折率 n_o）となる。この屈折率差は，通常の固体結晶における複屈折に比べ液晶ではきわめて大きく，例えばネマチック液晶ではこの差は0.2程度になる。

9.3 液晶空間光変調素子

　ここでは，よく使われるネマチック液晶空間光変調素子について示そう。ネマチック液晶の応用として最もよく用いられるのは，ツイステッド・ネマチック（TN：twisted nematic）液晶である。この素子では，液晶を2枚の平行ガラス基板の間（間隔は通常数 μm）に充填するが，ガラス基板の表面をビロードのような布で一定方向にこすっておく（ラビングという）と，液晶の長軸方向がその方向に並んで配向するようになる。このようにして向かい合わせにガラス基板で挟んで，例えば下の基板に対し上の基板をある角度 θ だけ回転させると，液晶分子の長軸がガラス基板間で θ だけねじれた（ツイストした）配置となる。このようにツイストした液晶構造を TN 液晶と呼んでいる。いま，このような液晶にある偏光

$$\boldsymbol{E}_{\text{in}} = \begin{pmatrix} E_{xi} \\ E_{yi} \end{pmatrix} \tag{9.6}$$

の光を入射させると，偏光面は液晶の長軸方向に対して θ だけ回転し，さらに複屈折があるため，直交する偏光間で液晶素子通過後に位相が変化する。

　位相変化は単位長さ当り

$$\beta = k(n_e - n_o) \tag{9.7}$$

で与えられる。液晶素子通過後の偏光を

$$\boldsymbol{E}_{\text{out}} = \begin{pmatrix} E_{xo} \\ E_{yo} \end{pmatrix} \tag{9.8}$$

とし，入射と出射光の変換を

$$\boldsymbol{E}_{\text{out}} = \boldsymbol{L} \boldsymbol{E}_{\text{in}} \tag{9.9}$$

とすると，偏光変換のジョーンズマトリクス $\boldsymbol{L}$ は，位相変化 ϕ と回転角 θ を通過する偏光変換素子に対するマトリクスとして

$$\boldsymbol{L} = \begin{bmatrix} \cos\theta & -\sin\theta \\ \sin\theta & \cos\theta \end{bmatrix} \cdot \begin{bmatrix} 1 & 0 \\ 0 & e^{-i\phi} \end{bmatrix} \tag{9.10}$$

と書ける。ここで，液晶素子の厚さを d として，$\theta = \alpha d$（α は単位長さ当りの偏光の回転角），$\phi = \beta d$ である。ここでは透過型の空間光変調素子を仮定したが，反射型として液晶層を往復させて素子を作ることもある。この場合に

は，d の代わりに往復の光に対する等価厚み $2d$ を使うとよい．液晶素子には通常電圧を印加し使用するが，電圧に依存して式（9.10）で示した式から偏光の回転角が変化し，光の伝搬に対する等価的な異常屈折率 n_e が変化する．

このような TN 液晶を使った光表示素子の動作について示そう．図 **9.3** に示すように，TN 液晶素子の両端に電圧をかける．これは液晶を挟むガラス基板の表と裏に透明な電極を塗布し，その両端に電圧を印加することにより実現できる．通常，電圧は 5～10 V 程度である．実際にこの両端を流れる電流はほとんどないため，電力消費は少ない．電圧がオフ（0 V）のときには，液晶分子はねじれたままである．ここでは $\theta = 90°$ としてみよう．図（a）の x 軸方向に偏光した入射光があると，入射光は液晶の配向方向に連続的に回転し，液晶層を通過した後に 90° 回転した y 方向への偏光出射光となる．

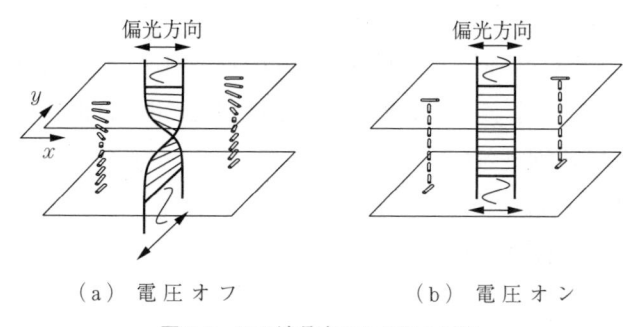

図 **9.3** TN 液晶素子における偏光

一方，十分大きな電圧を液晶素子両端にかける（図（b）の電圧オン状態）と，液晶分子はガラス界面のごく一部を除き，かけた電界方向，すなわちガラス基板に垂直な方向に長軸が配向する．このため，x 方向への偏光入射光は偏光軸は回転せずに，そのまま x 方向への偏光として出射する．例えば，入射光側に x 軸方向の偏光板を置き，出射側に y 軸方向の偏光板を置くと，電圧がオフのときには光が通過するが，電圧をオンにすると光は出射側の偏光板でブロックされ，取り出すことはできない．

このように，液晶に電圧をかけることにより，光のスイッチが構成できる．また，電圧の程度によって液晶のガラス基板への倒れ角度は，図に示した電圧

オンとオフの間の角度となる。このため，光が伝搬していくときの複屈折成分が残り，出射光は楕円偏光の光となる。これを y 方向への偏光板を通してみると，電圧オンとオフの場合の中間的な光強度を得ることができる。印加電圧と透過光強度は完全に線形ではないが，一対一の関係があり，このような素子を光強度変調表示素子，あるいは空間光強度変調素子として用いることができる。

もう一つのネマチック液晶を使った空間光変調素子の例として，ツイストしない液晶（ホモジニアス液晶）を使った，おもに光の位相を変調するための素子について示そう。図 9.4 はその例である。右側のガラス基板は，読出し光に対しては反射となる構造になっているものとする。この場合には，液晶分子の長軸はガラス基板に対して光入射面，反射面で同じ方向を向いているため，式 (9.10) のジョーンズマトリクスは，$\theta=0$ として

$$L = \begin{bmatrix} 1 & 0 \\ 0 & e^{-i\phi} \end{bmatrix} \tag{9.11}$$

のような位相のみが変化する波面変換となる。書込み光側にはフォトセンサが塗布されており，光強度の強弱によってその部分の抵抗が局所的に変化する。ガラス基板間には電圧がかけられているが，書込み光が大きいところでは抵抗が下がり，液晶間に電圧がかかるが，光量が小さいところでは高抵抗のままである。

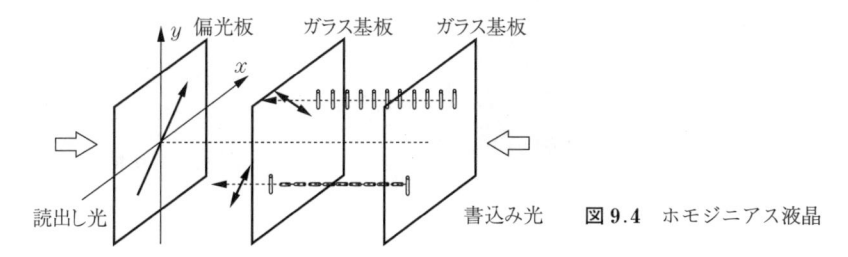

図 9.4 ホモジニアス液晶

液晶層の電圧を V とすると，位相変化は電圧に比例し $\phi = \beta d \propto V$ である。図で，左側の xy 平面に対し 45° 偏光した読出し光が，書込み光量が小さいところに入射するものとする。このとき，液晶分子には電界がほとんどかかって

いないため，液晶分子はガラス基板間で基板面に平行のままである．したがって，読出し光の x と y 成分では光の屈折率が異なるため，直交成分間で光の位相差が発生する．この位相差が反射面までの片道で 90° であるとすると，直線偏光は反射面で円偏光となる．反射した光はまた 90° の位相差により，入射光に対し直交する直線偏光となって出射する．このため，光は出口の偏光板によってブロックされる．

一方，書込み光量が大きいところでは，液晶分子に電界が印加されるため，液晶分子はガラス基板方向に倒れる．したがって，この部分を通過した読出し光は，xy の直交偏光間でほとんど相対的な位相変調を受けずに出射光となり，偏光板をそのまま通過する．中間の光強度を持つ書込み光については，先に示した TN 液晶素子の場合と同様に中間的な光読出しができる．

図 9.5 (a) は，位相変調型ネマチック空間光変調素子の構造の例である．図 (a) で，右から書込み光が照射される．ガラス基板の内側に透明な電極があり，その後ろにアモルファス・シリコン（a-Si）のフォトセンサがある．このセンサ部分では，書込み光量に応じてその両端間の抵抗が局所的に変化する．この書込み光は誘電体多層ミラーでブロックされ，液晶層には届かない．読出し光は，この場合には左側から照射され，ガラス基板を通過し液晶層で位

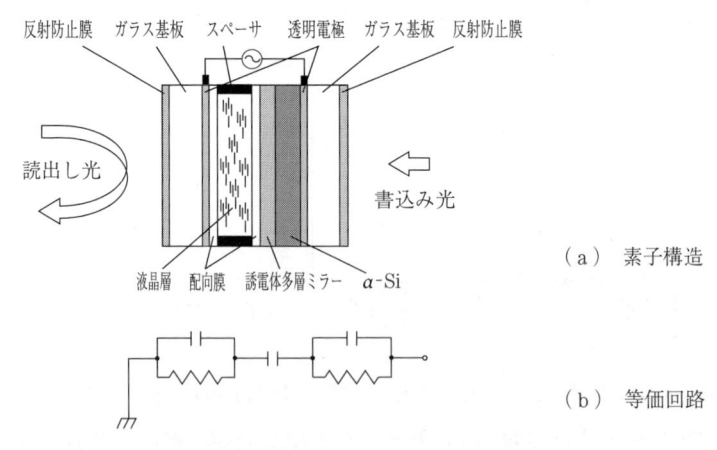

(a) 素子構造

(b) 等価回路

図 9.5 位相変調型ネマチック空間光変調素子

相変調されミラーにより反射し，元来た方向への出力光となる．このとき，図9.4で示したように，フォトセンサの抵抗の高低により，読出し光の位相変調度が決まる．透明電極に印加する電圧は原理的にDCでもよいが，一般的には液晶が劣化しないようにパルス状の電圧がかけられる．

図（b）は，図（a）の等価回路である．右側のRC並列回路はフォトセンサ，左側のRC並列回路は液晶層の等価回路である．また中央部のキャパシタは誘電体ミラーのコンデンサに相当する．液晶素子の時間応答はこれらの値によって決まるが，TN液晶の応答はそれほど高速にはできず，おおむね1 ms〜10 ms程度である．電気回路として見たときのインパルス応答に対する立ち上がり時間は1 ms程度と速いが，立ち下がり時間は数ms〜10 msと遅くなる．

9.4 MEMS

マイクロ，ナノの機械加工が容易にできるようになり，それらの加工技術と応用が注目されるようになってきた．そのような微小な領域では，各素子の動作において通常のモータなどを使う駆動は実際的ではなく，電気的なトルクを発生させ微小部分の機械的な運動を作り出している．このようなシステムは，微小電気機械システム（MEMS）と呼ばれている．したがって，この技術は，機械加工のみならず，電子工学における半導体プロセス技術の集大成として確立された技術である．

これらMEMSを使った素子の開発は，光学的な応用，特に画像操作においても有望な技術課題である．この技術の大元となる応用は意外と古く，変形可能ミラー（DMD：deformable mirror devices）として，天体観測における大気揺らぎのための光の位相補正の道具として1970年代から使われてきた．MEMSは，これらの機能を微細化することにより，空間光変調素子としても使えるように進化してきた．MEMSの利点は，次に述べるように光に対して位相型，振幅型両方の素子を作ることができることである．また，液晶空間光

変調素子では，つねに光の偏光について考慮することが必要であったが，MEMS の場合には，偏光操作を考えなければ，光の偏光状態についてはいちいち考慮する必要がない利点がある。MEMS の応用は，光操作にとどまらず広範な広がりを持っているが，ここでは空間光変調素子への応用について述べよう。

図 9.6 に変形可能ミラーの概念図を示した。空間光変調素子として使われる MEMS としては，大きく分けて二つのタイプがある。一つは，図（a）に示す光に対して位相変調となる MEMS である。この素子では，光は上部から入射し，反射光を位相変調された光として使う。反射面は通常金属薄膜で作られており，容易に変形できるようになっている。上部電極には負の一定電圧が印加されており，各画素のユニット底部には絶縁体を挟んで伝導体基盤が接地されている。底部の電極には正の電圧が加えられ，電圧 V_a の大小によって上部の金属膜のたわみの量が，点線で示した基準位置から変化する。このたわみ量が光に対する基準点からの位相差となる。各画素ごとに位相を変化させることにより，全体として位相型空間光変調素子が構成できる。したがって，この素子は，電気書込み，光読出しの電気アドレス型の光変調素子である。電気書込みであるから，書込みのための走査が必要であるが，ランダムアクセスもできる。

（a）位相変調 MEMS　　　　（b）光強度変調 MEMS

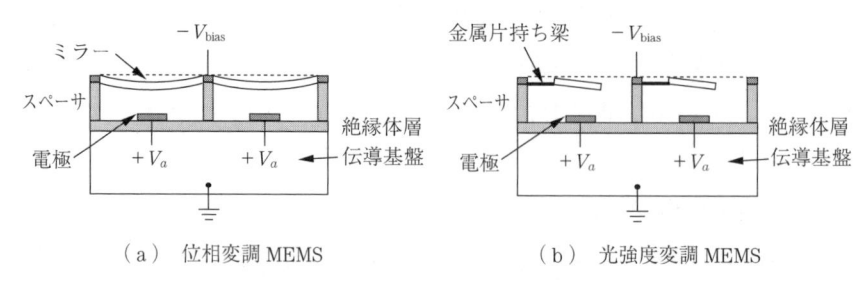

図 9.6　変形可能ミラーの概念図

一方，光強度変調として使うための MEMS の例を図（b）に示した。この例では，各素子内で，平面鏡が上部の片持ち梁につながれている。位相型の場合と同様に底部にある正の電極にかかる電圧の大小によって，片持ち梁につな

がれた鏡の傾きが変化する。電圧が大きければ，この傾きが大きくなり，正方向への反射成分が小さくなる。したがって，基準面（この図では点線）に垂直な方向で見ていると，電圧に比例した戻り光量が検出されることになり，強度型空間光変調素子が構成できる。MEMS は，モノリシックに製造する技術との融合で格段の進歩を遂げ，最近ではビデオプロジェクタ用の MEMS チップとして 100 万素子（1 000×1 000 画素）のものが作られている。MEMS は光変調素子として見た場合にまだまだ変調度が足りないなどの技術的課題は残されているが，空間光変調素子として有望である。MEMS は，このほかにもフィルタなどの電子デバイス，生体用のセンサなど実にさまざまな応用が展開されている。

9.5 回折光学素子

ガラス屈折率レンズなどのバルクと呼ばれる光学素子に対し，マイクロあるいはナノ構造を作ることによって光の性質の変換機能を持たせるものとして，回折光学素子（DOE：diffractive optical element）が知られている。回折格子などはまさにこの性質を備えた素子である。分光計測において使われる回折格子は，金属やガラス表面を刻線機と呼ばれる装置を用いた微細な機械加工（マイクロ加工）を用いたり，あるいは光学干渉により細かい干渉じまを銀塩乾板上や高分子材料などに書き込んだりして作製される。しかし，さらに一歩踏み込んで，ここでいう回折光学素子とは，半導体製造で用いられるフォトリソグラフィなどの技術により作られる，高機能な光学変換機能を持つ素子であると定義しよう。これらのカテゴリーとしては，フォトニック結晶なども含まれる。光の干渉と回折は裏腹の現象であり，周期性を持つ物質表面や物質内部におけるマイクロ，ナノ構造において，光出力のマイクロな現象として，あるいはそこから放出されるマクロな光の性質として，興味ある結果が得られる。

回折光学素子は，作製，応用とも多岐にわたるが，ここではその中で最も基本となるバイナリ光学（binary optics）の簡単な例として，ブレーズド格子

(blazed grating) について述べよう。ブレーズド格子は，回折効率をほぼ100％とすることができる格子である。この格子の作り方としてはさまざまあるが，ここでは回折光学素子の立場から，フォトリソグラフィによる作製法について簡単に述べよう。**図 9.7** は最終的に作られる階段構造を持つブレーズド格子のイメージである。

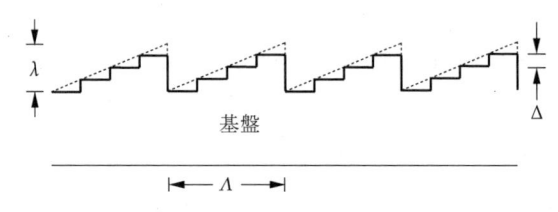

図 9.7 ブレーズド格子回折光学素子

最初に，基盤にフォトレジストを塗布し，格子となる基盤に所望の格子間隔 Λ に対して $1/2^N$ で等間隔に光が通過遮断するフォトマスクを用意する。通常このマスクは電子ビーム描画装置を用いて作られる。露光の後，レジストを洗い流し，エッチングを行うことにより，基盤表面上に周期的な凹凸が刻まれる。図に示すような4ステップ（$N=2$）の場合と仮定すると，最初の露光マスクに比べ光の通過遮断の周期が2倍になるフォトマスクを2回目の露光として使う。このマスクを使い，最初に凹凸を刻んだ基盤にフォトレジストを塗布する。やはり露光の後，レジストの洗浄，エッチングを行うと，図に示すような4ステップの階段状を持つ周期構造が作製される。格子の周期 Λ と各ステップの長さ（$\Lambda/2^N$）は光の波長に比べ十分に小さい。

さて，このような格子の回折効率を求めてみよう。一般的に回折格子の各周期内の段差が L 段あるとする。回折格子は光に対して透過型すなわち位相型として使い，光は基盤の裏側から入射するものとしよう。説明簡略化のため格子による透過光の位相差は最大で 2π であるとする。そうすると，各ステップの段差 Δ と全段数 L との間の関係は

$$L = \frac{\lambda}{(n-1)\Delta} \tag{9.12}$$

となる.ここで,回折格子は空気中に置かれ,格子内の光の屈折率を n とした.反射型位相格子の場合には,この関係は $L=\lambda/\Delta$ である.この格子による光の位相変化は

$$\phi(x)=\frac{2\pi}{L}\sum_{l=1}^{L} l\,\mathrm{rect}\!\left(\frac{x-lp}{p}\right) \tag{9.13}$$

で与えられる.p は各段差のピッチを表し,$p=\Lambda/L$ である.回折格子の周期が無限にあるものとすると,この格子を表す開口関数は

$$f(x)=\mathrm{rect}\!\left(\frac{x}{\Lambda}\right)\exp\{i\phi(x)\}\ast\mathrm{comb}\!\left(\frac{x}{\Lambda}\right) \tag{9.14}$$

と書ける.これにより,回折格子からのフラウンホーファー回折強度分布を計算することができる.これから,この回折格子からの m 次回折光の効率として

$$\eta_m=\mathrm{sinc}\!\left(\frac{m}{2^L}\right)\frac{\mathrm{sinc}(m-1)}{\mathrm{sinc}\!\left(\frac{m-1}{2^L}\right)} \tag{9.15}$$

が得られる.重要なのは $m=1$ の場合であるが,このとき回折効率は

$$\eta_1=\mathrm{sinc}\!\left(\frac{1}{2^L}\right) \tag{9.16}$$

となる.段数 L が多くなると,回折効率は上がり,最終的に $\eta_1=1$ $(L\to\infty)$ となる.これは,理想的なブレーズド格子において,出射面でスムーズな光の回折が行われたとし,その回折方向で最大唯一の光強度が得られることと符合している.

ここでは,バイナリ光学に基づき,ステップ状の形状を持つ回折格子からの回折効率を求めた.また,式を簡単にするため,また実用性を考えて,最大位相差をちょうど 2π としたが,ちょうど 2π でない場合にも,ここでの議論を容易に拡張できる.ここで述べた回折格子は,回折光学素子としてはごく簡単な例である.このほかにも,光に対して最大 2π の位相変化を持つ位相レンズや,CDのトラッキングのために単一光源からマルチビームを発生させるためのピックアップレンズなど,特定の用途で単機能的に働く光学素子をはじめ,光ヘッドアップディスプレイ用の画像表示など,回折光学素子の応用範囲は広い.ここでは,フォトリソグラフィによる回折光学素子を紹介したが,これ以

外の製造法として，マイクロ加工，ナノ加工など機械的な素子の作製などもある。また，実在波面の干渉によるホログラムとして回折光学素子を作る方法や，10 章で述べる計算機ホログラムを用いて素子を作ることもできる。さらに，これらを発展させ，ダイナミックに回折光学素子を変化させ，時間的なスケールでの波面操作を行う試みなども行われている。一般的に誘電体や半導体で作られた光学素子は通常の可視光に対してマクロに見て正の屈折率を持つが，より細かいナノスケールの周期構造を作ることにより，等価的に負の屈折率を持つ媒質を作り出すことも可能である。

◆ 9.6 位相共役光学効果と素子 ◆

ホログラムの書込みにおいて，非線形光学効果を使う材料が用いられることがある。このような材料においては，媒質内での非線形性を使うことにより，光波の混合，共役光（位相が入射光に対し反転して伝搬する光）の発生など興味ある効果が見られる。位相共役光を発生させ，ホログラムの記録再生，フォトニック・フィルタリングやパターンマッチング，フォトニック・インターコネクションなど，さまざまなフォトニクス情報処理が提案されている。その中で，ここではフォトリフラクティブ効果に基づく位相共役光の発生について述べる。

まず，フォトリフラクティブ効果について述べよう。フォトリフラクティブ材料としては，$BaTiO_3$，$LiNbO_3$ など誘電体結晶のものと，GaAs，InP など半導体のものとに大別される。これらはおおむね一軸性の結晶（特定方向の屈折率が他の直交軸と異なる値を持つ）である。したがって，後に述べる干渉じまを形成するときに，しまを作る方向が重要になる。誘電体の場合には，一般にその組成の中に Fe イオンなどが不純物として含まれる。あるいはフォトリフラクティブ素子として使う場合には，これらの不純物をドーピングする。したがって，これらのバンド構造としては，荷電子帯と伝導体の中間に，ドナーとアクセプタの不純物準位ができている。図 9.8（a）に示すように，2 光束干渉を行うと，媒質中に干渉じま $I(x)$ が形成される（図（b））。この干渉

9.6 位相共役光学効果と素子

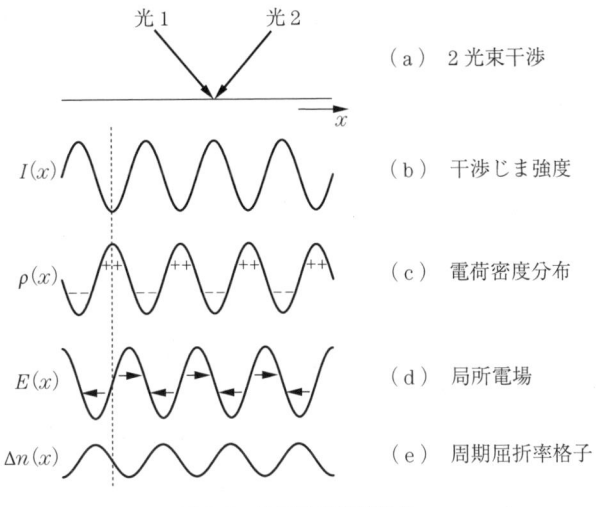

図中ラベル:
- 光1, 光2
- (a) 2光束干渉
- $I(x)$ (b) 干渉じま強度
- $\rho(x)$ (c) 電荷密度分布
- $E(x)$ (d) 局所電場
- $\Delta n(x)$ (e) 周期屈折率格子

図 9.8 位相共役光学効果

じま強度の強いところでは，不純物準位を介して多くのキャリアが荷電子帯から伝導体に励起される．このキャリアは伝導体で拡散し，光強度が小さいところに移動する．

一方，元の場所には正に帯電したイオン化ドナーが残り，図（c）に示すように電荷密度 $\rho(x)$ が媒質内で周期的に変化する．したがって，媒質内では図（d）に示すように正負の局所電場 $E(x)$ が発生する．この電場が引き金となって，媒質内で2次の電気光学効果であるポッケルス効果によって，図（e）に示すような屈折率の周期的な格子 $\Delta n(x)$ ができる．このような媒質内部に立体的に作られる干渉じまは，8.7節で述べた位相型の体積ホログラムである．

図からもわかるように，屈折率分布は $\pi/2$ だけずれる．実際には，このずれ量は外部電圧をかけることによって変化させることもできる．例えば，媒質端面に対し同じ方向から2光束干渉を行うことを考える．媒質が十分厚みを持っているとすると，媒質中に屈折率体積格子が作られる．一方の光量が大きく，他方は小さいとすると，媒質がフォトリフラクティブ媒質である場合，屈折率分布が干渉じまと $\pi/2$ だけずれていることにより，それぞれの透過光と

してみると，大きい光量の光の強度が小さい光量の強度に移り，一方のビームが増幅され，他方が減衰するように見える．すなわち，光の増幅を行うことが可能になる．

このような媒質内部に屈折率分布を形成する干渉じまに再生のための光を照射すると，4波混合の考え方により，元の光面が裏返った位相共役光が発生することを示そう．図 9.9（a）に示すように，フォトリフラクティブ効果を持つ媒質に，入射面が同じとなる複素振幅 E_1，E_2

$$E_1 = A_1 \exp\{i\boldsymbol{k}_1 \cdot \boldsymbol{r} - \omega t)\} \tag{9.17}$$

$$E_2 = A_2 \exp\{i\boldsymbol{k}_2 \cdot \boldsymbol{r} - \omega t)\} \tag{9.18}$$

の光を当て，媒質内に干渉じまを形成する．指数関数にかかる振幅 A_1，A_2 は実数ではなく，光の周波数に比べてゆっくりとではあるが，時間変化する位相項を含んでいる．しかし，通常の位相共役発生では，A_2 は平面波などの一定の参照波面とし，A_1 はひずんだ波面を持つ信号光とする．この干渉じま強度は

$$I = |A_1|^2 + |A_2|^2 + A_1 A_2^* e^{-i\boldsymbol{K}\cdot\boldsymbol{r}} + A_1^* A_2 e^{i\boldsymbol{K}\cdot\boldsymbol{r}} \tag{9.19}$$

と表される．ここで，$\boldsymbol{K} = \boldsymbol{k}_2 - \boldsymbol{k}_1$ である．この干渉じまによって，媒質内に干渉じまの強度分布に比例した屈折率変化

$$\Delta n = n_1(|A_1|^2 + |A_2|^2 + A_1 A_2^* e^{-i\boldsymbol{K}\cdot\boldsymbol{r}} + A_1^* A_2 e^{i\boldsymbol{K}\cdot\boldsymbol{r}}) \tag{9.20}$$

が生じる．ここで，n_1 はポッケルス効果による屈折率変化分である．式(9.20)の右辺括弧の第3項，4項は $\boldsymbol{K}$ を基本波数とする周期格子である．実際には，参照光 A_2 が一定であっても，信号光 A_1 は位相が一定とはならない

（a）干渉じまの形成　　　　　（b）位相共役波の発生

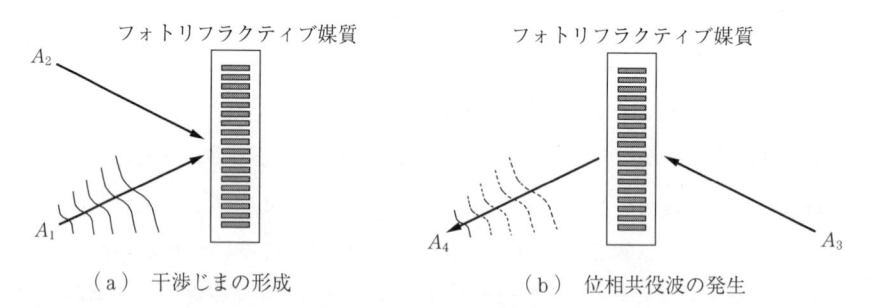

図 9.9　位相共役波の発生

9.6 位相共役光学効果と素子

波面を持つため，Δn による屈折率変調は完全な周期格子とはならない。これは，信号光を物体光とするホログラムの記録と同じである。

この屈折率変化を持つ媒質に，図（b）に示すように，書き込んだ方向とは対向する方向から，一定の振幅 A_3 を持つ電場

$$E_3 = A_3 \exp\{i(\boldsymbol{k}_3 \cdot \boldsymbol{r} - \omega t)\} \tag{9.21}$$

を用いて，ホログラムを再生する。これにより，媒質内では

$$P = \varepsilon_0 n_0 n_1 [A_1 A_2^* \exp\{-i(\boldsymbol{K} - \boldsymbol{k}_3) \cdot \boldsymbol{r}\} + A_1^* A_2 \exp\{i(\boldsymbol{K} + \boldsymbol{k}_3) \cdot \boldsymbol{r}\}] A_3 e^{-i\omega t} + c.c. \tag{9.22}$$

に比例した分極が発生する。ここで，読出し光が A_2 に対してたがいに対向して伝搬するとすれば，すなわち $\boldsymbol{k}_3 = -\boldsymbol{k}_2$ であるとすると，式（9.22）の $\boldsymbol{K} + \boldsymbol{k}_3$ の波数を含む項は $\boldsymbol{K} + \boldsymbol{k}_3 = -\boldsymbol{k}_1$ となる。この項に対応する光の伝搬の複素振幅を E_4 とし

$$E_4 = A_4 \exp\{i(\boldsymbol{K}_4 \cdot \boldsymbol{r} - \omega t)\} \tag{9.23}$$

とすると，A_4 は

$$A_4 = \kappa n_1 (A_2 A_3) A_1^* \tag{9.24}$$

と書ける。κ は材料定数，ビームの配置などによって決まる定数である。すなわち，A_2，A_3 を一定として，A_4 は A_1 の複素共役の値を持った位相共役光となることがわかる。このとき，波数について $\boldsymbol{k}_4 = -\boldsymbol{k}_1$ の関係が成り立っており，A_4 は A_1 の光が来た方向に正しく戻る光となっている。また，E_4 と E_3 の光の波数の間には $\boldsymbol{k}_4 - \boldsymbol{k}_3 = \boldsymbol{K}$ が成り立ち，ブラッグ回折条件が満たされていることもわかる。

例えば，信号光 A_1 が発散する球面波であるとすると，再生される位相共役光 A_4 は元の位置に正しく収束する球面波になる。位相共役光学を使うと，これらの波面再生を実時間で行うことができる。4波混合の厳密な理論は，8.7節の体積ホログラムの回折効率を計算するところで述べた電磁場の結合微分方程式と同じ方法を用いて展開することができる。また，ここでは4波混合の考え方で位相共役波の発生について述べたが，位相共役光を発生させる方法についてはさまざまな方法が提案されている。フォトリフラクティブ結晶では，記

録保持効果を持つものもあり，ホログラフィックメモリとしての応用も期待されている。フォトリフラクティブ媒質における，光の書込み感度は1～100 mJ/cm²と一般に低い。また，波長感度は素子によっても異なる。分解能はホログラム書込み可能な1 000 lp/mm 程度である。

フォトリフラクティブ効果以外にも，位相共役光を発生させるメカニズムとして，3次の非線形感受率 $\chi^{(3)}$ が大きいカー効果を使った位相共役光の発生方法がある。この非線形感受率による非線形効果は，物理的メカニズムとしてはフォトリフラクティブ効果（2次の電気光学効果）とは異なるものであるが，光波の混合については，形式的に同様な式が導かれる。したがって，フォトリフラクティブ効果の場合と同様に，フォトニクス情報処理デバイスとしても用いられる。このような3次の非線形光学効果に基づく材料としては，おもに高分子ポリマー材料が用いられる。特性の違いとしては，3次の非線形効果の材料は時間応答がナノ秒程度と速いのに比べ，フォトリフラクティブ効果の材料はおもに誘電体結晶が多く，ミリ秒～秒程度と応答が遅い。GaAsなど半導体系の材料では，3次の非線形材料に近い時間応答が得られる。また，3次の非線形材料は，フォトリフラクティブ材料に比べ，光の書込み感度は同程度か高く，分解能としては一般に高いものが得られる。

◆ 9.7 ホログラフィック記録材料 ◆

本章の最初に，ハロゲン化銀を使った画像の記録について述べた。通常の写真フィルムは，ホログラムのような高解像度が要求される光書込みには適していない。通常の写真フィルムの解像度は最大でも100～200 lp/mm で，ホログラム記録を行うためには，この値を1桁以上大きくする必要がある。このため，ホログラムにおいても使用可能な銀塩材料が開発されてきた。これらの材料としては，銀塩のサイズを微細化し，現像においても通常のものも使用できるが，ホログラム用の特別な現像液も開発された。その結果，分解能としては2 000 lp/mm 以上，光書込み感度で1～100 μJ/cm² のものが使えるようにな

り，ホログラムの記録として十分な特性のものが得られるようになった。ここでわかるように分解能を高めた分，光の書込み感度は通常の写真フィルムのものに比べ低くなり，露光するのに通常の写真の10～100倍の時間が必要となる。

一般に，銀塩を使ったホログラムでは振幅型のものが多いが，9.1節で述べたブリーチの方法を使い，位相型ホログラムを作ることもできる。ホログラムの提案以来，銀塩材料は長く使われてきた。しかし，実時間性を欠く現像定着という時間がかかる化学プロセスが現状の情報処理に合わなくなってきている。さらに現在では通常の画像に対してもディジタル化の波により，写真フィルムのマーケットが縮小したことに伴い，ホログラム用としての銀塩材料も使用できるものが限られてきている。しかし，光書込みができる感光材は，画像のみにとどまらず広い応用分野を持っており，安価でしかも手軽に使え，高精細な光書込みができる材料への要求は逆に広がっており，研究開発が進んでいる。実際には，現状ではオールマイティな材料があるわけではないが，ここでは，銀塩以外の高精細な光書込みができる材料とその特性について，高分子材料をおもにいくつか説明しよう。

フォトポリマー材料は，ホログラム用としての書込み素子としてだけではなく，光ディスクにおける記録材としても期待されている。フォトポリマー材料においては，光を当てる前には光重合性の大きいモノマーと小さいモノマーが混在している。これに光が当たると，光強度の強いところへは光重合性が大きいモノマーが移動しポリマーとなる。また，光強度が弱いところでは重合性の小さいモノマーが集まり，光照射による重合拡散が行われる。

光重合性の大きいモノマーは屈折率が大きく，逆に重合性の小さいモノマーは屈折率が低い。拡散重合させた後，紫外光によりフォトポリマー内の屈折率変化を定着させることができる。フォトポリマーでは，基盤上に1mm程度の厚みの大きいポリマーの塗布が可能であり，体積ホログラムを作るのに適している。また，屈折率変化は，0.2～0.5％程度と大きくすることができるため，きわめて高効率な位相ホログラムへの応用に適している。フォトポリマーは，一般に分解能は高いが，光の書込み感度は～mJ/cm^2程度と低い。また，

光の書込み波長範囲も広い。

　フォトレジストは，半導体マスクの作製において用いられる感光性樹脂である。フォトレジストもホログラムなどの高精細画像の書込みに適している。フォトレジストでは，光を当て現像すると，光が強く当たった部分，あるいは弱い部分のフォトレジストが溶解し，表面に凹凸が作られる。このため，フォトレジストは，材料によって光の強弱に依存してフォトレジストの溶解部分が変わるため，写真でいうところのネガとポジの二つのタイプの感光材である。一般的にフォトレジストは紫外から青の色に感光し，光書込み感度も 100 mJ/cm^2 と低い。また，光書込みの分解能は高いほうで $2\,000\ lp/mm$ 程度ある。

　スピナーと多少のクリーン環境があれば，市販のフォトレジスト材を購入し，スピナーを用いてガラス基盤の上に 1〜2 μm 程度にフォトレジストを塗布することにより，フォトレジストは容易に作成することができる。一般に，フォトレジストは赤い色には感光しないので，短い波長の光をカットしておけば，暗室でこの作業を行う必要はない。塗布の後，ベークして使用する。光情報を書き込んだ後は，現像により溶けたフォトレジスト部分を洗浄すると，露光に比例したレリーフが表面にできあがる。このまま位相型として使ってもよいが，表面にアルミ蒸着などを行うと，反射型のホログラムを作ることができる。フォトレジストは化学的に安定であるため，マスター用のホログラムなどの作製に向いている。

　最後に，やはり高分子材料であるサーモプラスチックについて説明しよう。サーモプラスチックは，ガラスなどの基盤上に電極（正の電極側）を付け，その上に PVK（polyvinylcarbazole）と呼ばれる光電導体を 1 μm 程度に塗布をする。さらに PVK の上面に熱によって軟化する薄い天然樹脂を塗布する。露光する前に，正の電極から適当な距離に置かれた陰極の間でコロナ放電させることによって，PVK の上に載せた樹脂上に電荷がチャージされる。これに光強度分布を持つパターンを照射すると，光強度の大きい部分と小さい部分で導電性に変化が起こり，PVK を挟む容量が変化する。これに 2 回目のコロナ放電を行い熱を印加すると，最上部の樹脂の電荷が多いところがクーロン力によ

り収縮し，電極との間の距離が縮まる。

　一方，光強度が弱かったところの樹脂層は電荷量が少なく，あまり厚みが変化しない。この後冷却すると，最上部の樹脂層が固化し，光強度変化に対応する凹凸の形状分布が得られる。このようにして，サーモプラスチックによる位相型ホログラムを作ることができる。サーモプラスチックでは，基盤を一様に熱することにより，いったん書き込んだ樹脂層の凹凸を再び元のフラットな層に戻すことができ，書込み消去の可能な材料となっている。熱処理などを伴うため，書込み，消去に要する時間は分単位ではあるが，写真フィルムのような化学プロセスが必要ではない。サーモプラスチックスの光書込み感度は$10～100\ \mu J/cm^2$で，ホログラム用途の銀塩材料のものに近い。しかし解像度はせいぜい$1\,000\ lp/mm$程度であり，ホログラム用としては十分とはいえない。

　このほかにも，実にさまざまな高分子材料に基づく感光性材料が開発されている。ホログラム素子にとどまらず，光記録における1回書込み，リライタブル，あるいは積層メモリ材料として，今後の高精細光記録材料，素子としてこれらの開発は重要な研究分野となっている。

▶▶▶ 演 習 問 題 ◀◀◀

9.1 $\theta=90°$とするとき，式 (9.10) を用いて液晶に入射する光の偏光が回転することを確かめよ。

9.2 ホモジニアスTN液晶において$n_e-n_o=0.2$，液晶層の厚みを$d=5\ \mu m$，光の波長$\lambda=0.633\ \mu m$とするとき，変調可能な位相量を計算せよ。

9.3 式 (9.15) を導け。

9.4 式 (9.22)，(9.23) を使い，図9.9 (b) を参照しながらA_4が実際にA_1の位相共役光となっていることを示せ。

10 フォトニクス処理とディジタル処理

ディジタル情報処理とフォトニクス情報処理とはたがいに補完する意味がある。また，フォトニクス情報処理においても入出力装置として電子デバイスは欠くことができないため，フォトニクスとディジタルとのインタフェース技術についても十分な注意を払う必要がある。本章では，フォトニクス処理との関連も深く，フォトニクス処理において併用されるディジタル的手法について，いくつかの重要な例について述べる。あるいは，ディジタルとフォトニクスを併用することにより，より高度な情報処理ができる場合もあり，そのような例についても学ぶ。ディジタル処理とフォトニクス処理との接点は多岐にわたり，例も数限りないが，ここではそれらの中で基本となるいくつかの事項について述べる。

◆ 10.1 高速フーリエ変換（FFT） ◆

本書の主題は光を用いた演算処理にあり，ディジタル画像などをコンピュータ処理することを課題とする範疇ではないが，実際の光演算の正当性などのチェックとしてディジタル処理を行った結果との比較が頻繁に使われる。そのツールとして高速フーリエ変換（FFT：fast Fourier transform）は欠かすことのできないものである。したがって，本節では，FFT の原理について簡単に述べる。フーリエ変換自体は式（2.31）で定義されるため，この定義にのっとって積分計算を dx の微小要素について区分数値計算することにより，原関数 $f(x)$ のフーリエ変換である $F(\nu)$ の関数形を求めることができる。しかし，積分の指数部分は細かく振動する成分を含み，さらに無限大積分区間において 2π ごとに繰り返す指数部分の値を毎回計算する必要があり，計算量がきわめて多くなる。特に，ディジタル計算では cos，sin の計算，積の計算には

10.1 高速フーリエ変換（FFT）

多大な時間を要するため，一般に定義どおりに順番にcos，sinを計算し原関数との積を作り積分計算を行っていたのでは膨大な計算時間が必要であることがわかる。これらの計算を大幅に軽減するために考えられた方法が，コンピュータ処理のための高速フーリエ変換である。ここでは，1次元の関数についてのFFTについて説明するが，この結果を拡張して容易に2次元の場合にも適用できる。

フーリエ変換の式（2.31）をx, νに対応する微小量Δx, $\Delta \nu$について離散式で表すと

$$F(n\Delta\nu) = \sum_{l=-\infty}^{\infty} f(l\Delta x) \exp(-i2\pi n\Delta\nu \cdot l\Delta x) \Delta x \tag{10.1}$$

のように書き表すことができる。nも整数である。この微小量Δx, $\Delta \nu$については任意でよいわけではなく，2.7節で述べたサンプリングの定理に従い，離散信号が正しく連続な原関数を表現することができるサンプリング間隔になっている必要がある。実際には無限和をデータとして作ることはできないため，n, lについて同じN個の有限個のサンプリング数を考える。$\Delta x=1$とスケーリングし，式（10.1）を次式のように表してみる。

$$F_n = \sum_{l=0}^{N-1} f_l W_N^{nl} \tag{10.2}$$

ただし

$$\Delta\nu = \frac{1}{N\Delta x} = \frac{1}{N} \tag{10.3}$$

$$W_N^{nl} = \exp\left(-i2\pi\frac{nl}{N}\right) = \cos\left(2\pi\frac{nl}{N}\right) - i\sin\left(2\pi\frac{nl}{N}\right) \tag{10.4}$$

である。式（10.2）の形は離散フーリエ変換（DFT：discrete Fourier transform）と呼ばれる。式（10.2）の計算では，nを0から$N-1$までとすると，fとWの掛け算をN^2回計算する必要がある。また，式（10.4）において，cos，sinの計算をそれぞれやはりN^2回計算する必要がある。しかし，計算においては同じ値の計算が繰り返し行われている。例えば，$N=8$を例にとると，F_0の計算に$f_4 W_8^0$という項が含まれるが，F_2において$f_4 W_8^8 = f_4 W_8^0$，F_4で

$f_4W_8^{16}=f_4W_8^0$, F_6 で $f_4W_8^{24}=f_4W_8^0$ のように同じ項の計算が何回も出てくる。このルールを整理することにより，実際に必要とされる式（10.2）の掛け算の回数を N^2 から N 回に減らすことができる。当然のことながら，N を大きくとると，計算回数は文字どおり桁違いとなり，DFT に比べ大幅な計算時間の短縮が可能になる。さらに，cos, sin の計算においては，第 1 象限の計算を行い，それらの値に符号をつけることによってほかの象限の cos, sin の値を表現できる。また，cos と sin は独立ではなく，片方を計算すれば他方はおのずと計算されている。したがって，この cos と sin の計算も実際には 1/8 で済み，この結果をあらかじめ表（すなわち cos, sin テーブル）にしてコンピュータ内に作っておけば，この部分にかかる計算時間を格段に節約できる。

　このような観点に立って，計算回数を節約する実際の計算方法である FFT として，いくつかの方法が提案されている。いずれの方法においても，基本となるのは図 10.1（a）に示すバタフライ演算である。ここでは，クーリー・ターキー（Cooley-Tukey）アルゴリズムにそった FFT について説明してみよう。

　図（b）は $N=8$ とした例である。2 入力 2 出力のバタフライ演算を基本とすると，$N=2^3=8$ の場合，3 段階のバタフライが必要となる。二つの入出力のみについて考えると，図（a）に示すように，A からそれぞれへの出力は重みのない加算として取り扱われる。しかし，B からそれぞれへの出力においては，矢印の下に書かれたフーリエ変換の回転子 W^s, W^t がそれぞれ重みとして掛けられ，その出力への加算となる。これを基本として，$N=8$ に拡張したのが図（b）である。例えば，W^m は $m=8$ ごとに繰り返す値を持ち，W^m で m の次数についての等価な W の値を考慮すると，この図のアルゴリズムから F_3 の計算は

$$F_3 = f_0 + f_1 W^3 + f_2 W^6 + f_3 W^{6+3} + f_4 W^4 + f_5 W^{4+3} + f_6 W^{4+6} + f_7 W^{4+6+3}$$
$$= f_0 W^0 + f_1 W^3 + f_2 W^6 + f_3 W^9 + f_4 W^{12} + f_5 W^{15} + f_6 W^{18} + f_7 W^{21}$$

(10.5)

となり，F_3 について正しく式（10.2）が計算できていることがわかる。バタ

10.1 高速フーリエ変換（FFT）

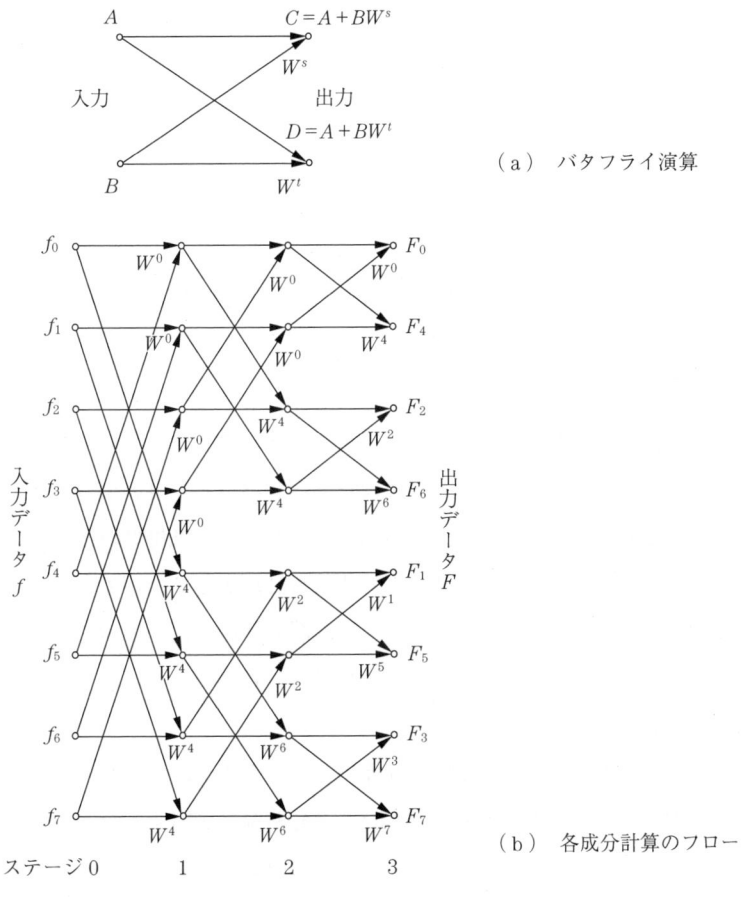

A $C = A + BW^s$

入力 W^s 出力

$D = A + BW^t$

B W^t

（a）バタフライ演算

（b）各成分計算のフロー

ステージ 0   1   2   3

図 10.1 FFT のアルゴリズム

フライ演算からわかるように，FFT の基数は 2 であり，したがって，計算すべきデータの数 N としては通常 2^n 個（n：整数）とする．図（b）に示すように，データ処理の矢印のフローとしては上下中央部を境にして対称な形であるが，入力データ f は上から順番に整列しているのに対し，出力データ F を見ると偶数と奇数番目のデータが上下に分かれており，さらにそれぞれで順番が入れ替わっている．このため，実際の FFT プログラムにおいては，正しい出力波形を順番に表示するために並べ替え（これをスワップという）のプロセスが必要になる．

2次元画像に対するFFTも，ここでの議論を拡張すればよいが，どの計算方式をとっても，整列した入力データについて計算された変換データの並び順はあるルールで入れ替わっており，出力データのスワップも重要なソフトウエアの部分を占めることに注意しておこう。FFTは，コンピュータを用いた周波数解析においてなくてはならないツールである。

10.2 ディジタル処理による微分フィルタ

7.4節で述べたフォトニクス情報処理におけるフィルタリングは，コンピュータを使ったディジタル処理により実現することができる。例えば，出力関数とシステム応答がわかっているときには，実空間演算としてのデコンボリューション（畳込みの逆演算），あるいは周波数スペクトル空間での伝達関数を逆フィルタとした割り算などにより，入力関数を計算することができる。数学的手続きとしては，定義式のとおりディジタル演算で行えばよいので，改めて議論するまでもないが，ここではディジタル処理で頻繁に使われている微分フィルタの例について述べよう。

フォトニクス処理では，微分は7.6節で述べたように，入力画像をいったんフーリエ変換し，フーリエ変換面において微分演算に相当するマスク関数を掛け合わせ，再度フーリエ変換することにより，微分画像を得ていた。もちろん，同様な処理をディジタル的に行うことができるが，より簡単な方法として，ディジタル画像処理においては実画像面におけるマスク処理の方法のほうが多く用いられている。

ディジタル画像は有限個数の画素から構成されるが，つねに2の基数で構成される画素数とは限らないし，大きな画素数の画像に対してはフーリエ変換に時間がかかることもある。そのため，画像のある注目する位置（座標）について，その近傍処理がしばしば用いられる。画像を$f(x,y)$で表すと，例えばx方向への画像の微分は$\partial f/\partial x$である。fを離散量$f(i,j)=f_{i,j}$として表すと，微分に相当する表記は，刻みΔxを1として

10.2 ディジタル処理による微分フィルタ

$$\Delta x f_{i,j} = f_{i+1,j} - f_{i,j} \tag{10.6}$$

である。したがって，画像を微分するためには，x 方向へ 1×2 の画素サイズ

$$h_x = [-1 \quad 1] \tag{10.7}$$

となる実面での微分フィルタを作り，元画像と h_x との畳込み積分を計算すればよい。これ以外にも，1×3 のフィルタ $h_x = [-1 \quad 0 \quad 1]$ も x 方向への微分フィルタとすることができる。同様に，y 方向へは

$$\Delta y f_{i,j} = f_{i,j+1} - f_{i,j} \tag{10.8}$$

であり

$$h_y = \begin{bmatrix} -1 \\ 1 \end{bmatrix} \tag{10.9}$$

となるフィルタで畳込み積分を計算するとよい。

これらが，画像座標面で微分フィルタであることは式 (10.6)，(10.7) より明らかであるが，これらが 7.6 節のフーリエ変換面における微分フィルタの定義と同一であることを示そう。h_x は形式的に

$$h(x) = \delta(x+a) - \delta(x-a) \tag{10.10}$$

と表すことができる。これをフーリエ変換すると

$$H(\nu_x) = \exp(i2\pi a\nu_x) - \exp(-i2\pi a\nu_x)$$
$$= i2\sin(2\pi a\nu_x) \approx i4\pi a\nu_x \propto i2\pi\nu_x \tag{10.11}$$

ここで，a は十分小さいとし，ν_x については $\nu_x = 0$ 近傍のみを考えた。実際，画像には高次空間周波数成分は小さく，おおまかな情報は 0 次回折の付近に集中する。このため上記の仮定は一般に成り立つと考えられる。式 (10.11) を見ると，式 (10.7) のフーリエ変換，すなわちフーリエ変換面でのフィルタ関数は $i2\pi\nu_x$ に比例する。これは，7.6 節の定義より微分フィルタであることがわかる。

次に，7.6 節で見たラプラシアンフィルタ

$$\nabla f(x,y) = \frac{\partial^2 f(x,y)}{\partial x^2} + \frac{\partial^2 f(x,y)}{\partial y^2} \tag{10.12}$$

について考えてみよう。離散的な画像に対するラプラシアン演算の結果は，x

方向について

$$(\Delta x)^2 f_{i,j} = f_{i+1,j} + f_{i-1,j} - 2f_{i,j} \tag{10.13}$$

と表すことができる。同様に，y 方向へは

$$(\Delta y)^2 f_{i,j} = f_{i,j+1} + f_{i,j-1} - 2f_{i,j} \tag{10.14}$$

である。したがって，ディジタル画像に対するラプラシアンは

$$\begin{aligned}\nabla^2 f_{i,j} &= (\Delta x)^2 f_{i,j} + (\Delta y)^2 f_{i,j} \\ &= f_{i+1,j} + f_{i-1,j} + f_{i,j+1} + f_{i,j-1} - 4f_{i,j}\end{aligned} \tag{10.15}$$

と書ける。これを 3×3 のフィルタとして

$$h_{Laplacian} = \begin{bmatrix} 0 & 1 & 0 \\ 1 & -4 & 1 \\ 0 & 1 & 0 \end{bmatrix} \tag{10.16}$$

を用いるとよい。このフィルタと，元画像 $f_{i,j}$ との畳込みを行うと，画像に対するラプラシアン演算ができる。このような 3×3 のウィンドウ処理は，ディジタル画像においてさまざまなフィルタ処理や画像平滑化，雑音除去などに用いられている。また，これらを発展させ，大きい画素のウィンドウを用いたより複雑なディジタル演算処理などが提案されている。

◆ 10.3 メラン変換と画像の縮尺 ◆

フーリエ変換は座標の縮尺，回転などに敏感である。例えば，人間が見ると同じ文字のように見える場合でも，文字の縮尺，回転などがあると，フーリエ変換に基づく相関やマッチトフィルタなどの操作において，十分な精度で文字認識を行うことができない。画像の縮尺，回転量が事前にわかっている場合には，最初から画像に対し補正をしておけばよい。ここでは，画像に縮尺がある場合の取扱いについて述べよう。

画像の縮尺を考慮するときに使われる変換が，メラン変換（Mellin transform）である。メラン変換は次式のように定義される。

10.3 メラン変換と画像の縮尺

$$g(s) = \mathrm{M}[f(x)] = \int_0^\infty f(x) x^{s-1} dx \tag{10.17}$$

ここで，M はメラン変換の演算子である．メラン変換は，原関数の座標を定数倍しても，変換の形自身は変わらない．例えば，定数を a として

$$\mathrm{M}[f(ax)] = \int_0^\infty f(ax) x^{s-1} dx = a^{-s} \int_0^\infty f(x) x^{s-1} dx = a^{-s} g(s) \tag{10.18}$$

となり，倍率不変の変換であることがわかる．式 (10.17) で $s = i2\pi\nu$，$x = e^{-\xi}$ と変換すると，この式は

$$g(i2\pi\nu) = \mathrm{M}[f(e^{-\xi})] = \int_{-\infty}^\infty f(e^{-\xi}) \exp(-i2\pi\nu\xi) d\xi \tag{10.19}$$

となる．この形は，関数 $f(e^{-\xi})$ をフーリエ変換したものにほかならない．座標がスケーリングされたメラン変換を，式 (10.19) のフーリエ変換の関係を用いて表すと

$$\mathrm{M}[f(ax)] = a^{-i2\pi\nu} \int_{-\infty}^\infty f(e^{-\xi}) \exp(-i2\pi\nu\xi) d\xi \tag{10.20}$$

のように書ける．したがって，位相の回転はあるものの，縮尺のある画像についてのフーリエ変換は，元画像の座標を $x = e^{-\xi}$ のように変換しておけば，移動不変であることが保証されることがわかる．

通常，座標縮尺，回転はあらかじめディジタル処理として行われることが多いが，上記に示した $x = e^{-\xi}$ となる座標変換の光学的実現について示しておこう．座標変換する関数を $f(x)$ とし，$f(x)$ にある位相関数 $k\phi(x)/f_0$（f_0 はレンズの焦点距離に相当）を掛けた次のフーリエ変換について考える．

$$\begin{aligned} F(\xi) &= \int_{-\infty}^\infty f(x) \exp\left\{-i\frac{k}{f_0}\phi(x) - i\frac{k}{f_0}\xi x\right\} dx \\ &= \int_{-\infty}^\infty f(x) \exp\left\{-i\frac{k}{f_0}\varPhi(x)\right\} dx \end{aligned} \tag{10.21}$$

ここで，$\varPhi(x) = \phi(x) + \xi x$ である．数学の定義である停留位相（stationary phase method）によると，ある大きな k（実際，$k = 2\pi/\lambda$ であり，光の場合には大きな値）に対し

10. フォトニクス処理とディジタル処理

$$\int_{-\infty}^{\infty} f(x) \exp\left\{-i\frac{k}{f_0}\Phi(x)\right\} dx \to f(x_0) \tag{10.22}$$

と近似できることが知られている。ここで，x_0 は

$$\frac{d\Phi}{dx} = 0 \tag{10.23}$$

を満たす x の値である。式 (10.21) で $\phi(x)$ として

$$\phi(x) = x \ln x - x \tag{10.24}$$

を仮定すると，式 (10.23) の条件を満たす x_0 は

$$\frac{d\Phi}{dx} = \ln x_0 + \xi = 0 \tag{10.25}$$

から得られる。すなわち，$x_0 = e^{-\xi}$ として

$$\int_{-\infty}^{\infty} f(x) \exp\{-ik\Phi(x)\} dx \approx f(e^{-\xi}) \tag{10.26}$$

と座標変換できる。すなわち，$\exp\{-ik\phi(x)/f_0\}$ となる位相分布関数をマスクとして元画像に掛け，それを光学的にフーリエ変換すると，座標変換された式 (10.26) が得られる。座標変換された画像に対して，7.4 節で論じたフォトニック・フィルタリングを適用することで，画像操作や相関演算などを行うことができる。

◆ 10.4 画像の回転と相関 ◆

　画像の縮尺と同様に，さまざまな画像処理応用において相関をとるべき画像が，基準画像に対してなんらかの回転を伴っていることがしばしば生じる。ここでは，画像の回転量を光学的相関により検出する方法について述べよう。画像には大きさの縮尺はなく，単に元画像がある角度だけ回転している場合について考える。2 次元画像の回転というのは，2π を繰返し周期とする周期関数であると考えることができ，2.2 節で述べたフーリエ級数展開を適用することができる。直交 xy 平面における元画像 $f(x, y)$ に対し，これを極座標として $f(r, \theta)$ と表す。これをフーリエ級数展開として表すと，回転角 θ について

10.4 画像の回転と相関

$$f(r,\theta) = \sum_{m=-\infty}^{\infty} F_m(r) \exp(im\theta) \tag{10.27}$$

と書ける。展開係数 F_m は

$$F_m(r) = \frac{1}{2\pi} \int_0^{2\pi} f(r,\theta) \exp(-im\theta) \, d\theta \tag{10.28}$$

と定義される。

多くの応用においてそうであるように画像を実関数とすると，式 (10.27) のフーリエ級数展開は

$$f(r,\theta) = F_0(r) + \sum_{m=-\infty}^{\infty} |F_m(r)| \cos(m\theta + \phi_m) \tag{10.29}$$

となる。$f(r,\theta)$ は実関数であっても，展開係数 F_m は式 (10.28) の定義より一般には複素関数であるため，$F_m(r) = |F_m(r)| \exp(i\phi_m)$ とした。次に，元画像 $f(r,\theta)$ が α だけ回転したとし，その関数を $f_\alpha(r, \theta-\alpha)$ と表すと，これは

$$f_\alpha(r, \theta-\alpha) = \sum_{m=\infty}^{\infty} F_m(r) \exp\{im(\theta-\alpha)\} \tag{10.30}$$

のように記述することができる。式 (10.30) とある次数の展開係数の相関を考えよう。その前に，関数 g として，元画像の m 番目の展開項の実部と虚部をそれぞれ

$$g_{mr}(r,\theta) = \mathrm{Re}[F_m(r) \exp(im\theta)] = |F_m(r)| \cos(m\theta + \phi_m) \quad (10.31\,\mathrm{a})$$
$$g_{mi}(r,\theta) = \mathrm{Im}[F_m(r) \exp(im\theta)] = |F_m(r)| \sin(m\theta + \phi_m) \quad (10.31\,\mathrm{b})$$

と定義する。この関数と回転画像関数の相関関数を直交座標により定義すると

$$R(x,y) = \iint f_\alpha(\xi,\eta) g(\xi-x, \eta-y) \, d\xi d\eta \tag{10.32}$$

である。ここで，相関関数の原点 $(x,y)=(0,0)$ の値に注目すると，式 (10.30)，(10.31) を使い，相関結果として

$$R_{mr}(0,0) = \int_0^{2\pi} \int_0^\infty f_\alpha(r, \theta-\alpha) \, g_{mr}(r,\theta) \, r \, dr \, d\theta$$

$$= 2\pi \cos(m\alpha) \int_0^\infty r |F_m(r)|^2 \, dr \tag{10.33\,a}$$

$$R_{mi}(0,0) = \int_0^{2\pi} \int_0^\infty f_\alpha(r, \theta - \alpha) g_{mi}(r, \theta) r dr d\theta$$

$$= -2\pi \sin(m\alpha) \int_0^\infty r |F_m(r)|^2 dr \qquad (10.33\text{ b})$$

が得られる．したがって，これらの相関関数のパワー（$I_{mr} = |R_{mr}(0,0)|^2$ と $I_{mi} = |R_{mi}(0,0)|^2$）の比から，画像回転角

$$\alpha = \frac{1}{m} \tan^{-1} \sqrt{\frac{I_{mr}}{I_{mi}}} \qquad (10.34)$$

が求められる．

すなわち，回転画像と式（10.31）で定義される元画像の級数展開成分との光学的相関を計算することにより，画像回転角が導出できる．実際には，光学的方法では，式（10.33）において負となる場合には，sin 成分について符号を含めてその値を検出することは難しいが，画像の回転角が小さい場合には，m の次数を小さくとることにより回転角を正しく計算することができる．ここで述べた回転調和展開（circular harmonic expansion）を使った方法において，回転画像と元画像の回転要素関数との相関を光学的に行い，原理的に画像回転量を検出することができる．しかし，この処理においては，通常 0 次の回折光に光学演算による背景光（DC 光）が伴うため，実際には画像の回転の計算としてはディジタル的に行われることが多い．

10.5 画像操作のためのアフィン変換

前節での画像の回転量が検出できると，画像を逆回転させて元に戻す必要がある場合がある．このような操作は一般にコンピュータを用いたディジタル処理で行われる．ここでは，フォトニクス処理においても入力を電子画像とするときに，入力の前処理としてしばしば使われる回転補正などを含む座標の変換であるアフィン変換（Affine transform）について述べておこう．

ディジタル画像の場合には，明確な画素というアドレスを持った離散的な位置座標からなる集合であり，画像の座標変換においては，元画像と変形画像の

座標関係がわかっている場合には,現在の座標の画素を元の画像の画素に戻してやればよい。このような変換として,画像の拡大縮小,回転,平行移動,反転などがある。アフィン変換は,これらの操作を含む一般的な変換であり,特にディジタル画像の前処理として頻繁に行われている。いま,変換前の 2 次元ディジタル画像の画素の座標を (x, y) とし,アフィン変換された画素を (x', y') とすると

$$\begin{pmatrix} x' \\ y' \end{pmatrix} = \begin{pmatrix} a & b \\ c & d \end{pmatrix} \begin{pmatrix} x \\ y \end{pmatrix} + \begin{pmatrix} e \\ f \end{pmatrix} \tag{10.35}$$

となる。$a \sim f$ までの係数は,それぞれ各変換の係数であり,アフィン変換の基本操作は**表 10.1** のように表される。

表 10.1 アフィン変換の基本操作

	a	b	c	d	e	f
拡大縮小	a	0	0	d	0	0
回転	$\cos\theta$	$-\sin\theta$	$\sin\theta$	$\cos\theta$	0	0
平行移動	1	0	0	1	e	f
左右反転	-1	0	0	1	0	0
上下反転	1	0	0	-1	0	0

数学的には,式 (10.35) の座標変換で,表の操作のすべてを記述できたことになる。しかし,(x, y) は現実に存在する離散画素の座標であるが,ディジタル座標変換を行った後では座標の値が整数にはならず,離散画像としては対応する座標が存在しない場合がある。というより,実際には対応する座標を指定できない場合のほうが多い。このようなときには,離散的な画像画素座標に対して,新しい画素における値の補間が行われる。一番簡単な補間の方法は,補間したい点に最も近い格子点の画像の階調を使い濃淡画像の座標を移動し補間する,最近傍法と呼ばれる方法である。しかし,画像の拡大縮小,回転などが大きくなると画像がスムーズに連結されずに,元画像に対して不自然な変換結果の画像になる。そのため,線形補間法と呼ばれる方法が使われる。この方法では,**図 10.2** に示すように,変換後の座標 (x', y') が元画像の近傍 4 画素 (x, y),$(x+1, y)$,$(x, y+1)$,$(x+1, y+1)$ 内にあると仮定し,それ

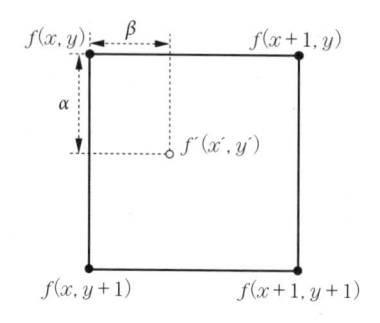

図 10.2 アフィン変換における線形補間法

ら4画素からの距離を計算し，線形補間する方法である．図に示すように，新しい画素の座標が元画像上の格子点からはずれて，$f'(x', y')$ と計算されたとする．この新しい座標点について，この点を囲む元画像の4点から，$f'(x', y')$ の画素濃度をこれらの点の加重平均として

$$f'(x', y') = f(x, y)(1-\alpha)(1-\beta) + f(x+1, y)\alpha(1-\beta)$$
$$+ f(x, y+1)(1-\alpha)\beta + f(x+1, y+1)\alpha\beta \quad (10.36)$$

のように計算する．線形補間法では，新画像値の精度を向上させるために，使う画素数を増やして，問題となる画素の近傍 4×4 点での線形補間を行うことも行われる．アフィン変換は，ここで述べた画像の縮尺，回転，移動にとどまらず，画像の変形など適用範囲は幅広く，ディジタル画像処理の基本として広く使われている手法である．

10.6 計算機ホログラムとサンプリング

通常，ホログラムは，実在する物体からの散乱波と参照波の干渉によって作られる．しかし，仮想物体や実在する物体をまねた波面を作り出すことができれば，参照光との干渉をディジタル計算によって数値的に作り出すことができる．これを干渉じま強度，あるいは位相として写真フィルムなどに転写できれば，計算機を用いたホログラムを合成することができる．これにコヒーレント光を照射することによって，立体的な物体の再生ができる．このようにして作られるホログラムを計算機ホログラムという．計算機ホログラムでは，物体光

10.6 計算機ホログラムとサンプリング

に光を当て参照光と干渉させるものに比べ，計算機による膨大な量の計算を必要とし，また一般には体積ホログラムなどを作るのには向いていない．しかし，計算機ホログラムは，通常の方法では難しい波面の生成，例えばレンズ検査における基準となる理想非球面の発生や，光ピンセット操作のためのダイナミックな走査波面の生成など，応用においてきわめて有益な方法であり，広く使われるようになってきている．

計算機ホログラムの出力としては，依然として高分解能なホログラム記録素子が用いられるが，9章で述べた空間光変調素子やレーザビーム描画，電子ビーム描画なども有望である．実際，どのように計算機ホログラムを作るかについては，これまでにもいろいろな提案がなされているが，次節でその具体的な例をいくつか紹介する．その前に，本節では，計算機ホログラムを微小な正方形の領域（画素）に書き込むときの仮想物体面とホログラム面において必要となる帯域（空間周波数）と画素数について述べよう．

最初に，フーリエ変換計算機ホログラムのサンプリングについて考える．図 10.3（a）に示すように，レンズを用いたフーリエ変換ホログラムを形成することを考え，仮想物体の複素振幅を $u_o(x,y)$，ホログラム面での振幅を $u_H(\xi,\eta)$ とすると，ホログラムの波面は

$$u_H(\xi,\eta) = \frac{1}{i\lambda f}\iint_{-\infty}^{\infty} u_o(x,y)\exp\left\{-i\frac{k}{f}(\xi x + \eta y)\right\}dxdy \quad (10.37)$$

と書ける．ここで，f はレンズの焦点距離である．x，y 方向の物体の物理的大きさ（領域）を $L_x \times L_y$ とすると，これが最大の情報（周波数）の範囲と考

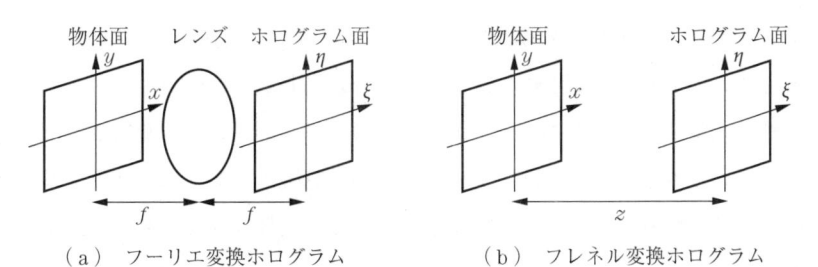

（a）フーリエ変換ホログラム　　（b）フレネル変換ホログラム

図 10.3　計算機ホログラムとサンプリング

えることができる。2.7節で述べたサンプリングの定理により，サンプリング帯域を $2B_\xi \times 2B_\eta$ とすると，それぞれ

$$2B_\xi = \frac{L_x}{\lambda f} \tag{10.38 a}$$

$$2B_\eta = \frac{L_y}{\lambda f} \tag{10.38 b}$$

と書くことができる。したがって，ホログラム面でのサンプリング間隔は

$$\Delta\xi = \frac{1}{2B_\xi} = \frac{\lambda f}{L_x} \tag{10.39 a}$$

$$\Delta\eta = \frac{1}{2B_\eta} = \frac{\lambda f}{L_y} \tag{10.39 b}$$

である。このことから，ホログラム面で必要とされるサンプリング数は，ホログラムの ξ, η 方向の物理的大きさをそれぞれ L_ξ, L_η として

$$N_\xi = \frac{L_\xi}{\Delta\xi} = \frac{L_\xi L_x}{\lambda f} = \frac{L_x}{\Delta x} \tag{10.40 a}$$

$$N_\eta = \frac{L_\eta}{\Delta\eta} = \frac{L_\eta L_y}{\lambda f} = \frac{L_y}{\Delta y} \tag{10.40 b}$$

となる。これを使うと，式（10.37）のホログラムの離散的表現として

$$\begin{aligned}
&u_H(p\Delta\xi, q\Delta\eta) \\
&= \sum_{m=0}^{N_\xi-1}\sum_{n=0}^{N_\eta-1} u_o(m\Delta x, n\Delta y)\exp\left\{-i\frac{2\pi}{\lambda f}(mp\Delta\xi\Delta x + qn\Delta\eta\Delta y)\right\} \\
&= \sum_{m=0}^{N_\xi-1}\sum_{n=0}^{N_\eta-1} u_o(m\Delta x, n\Delta y)\exp\left\{-i2\pi\left(\frac{mp}{N_\xi} + \frac{qn}{N_\eta}\right)\right\}
\end{aligned} \tag{10.41}$$

を得る。式（10.41）は，10.1節で見た FFT とまったく同じ形になっている。このことから，フーリエ変換計算機ホログラムは，式（10.40）のサンプリング数を用いて FFT を適用することにより容易に計算ができる。

　実際の光学系によるホログラムの作製においては，フレネル変換ホログラムが多く用いられる。以下では，フレネル変換計算機ホログラムのサンプリングについて調べてみよう。図（b）に示すようなフレネル変換において，ホログラムは

10.6 計算機ホログラムとサンプリング

$$u_H(\xi,\eta) = \frac{\exp\left\{i\frac{k}{2z}(\xi^2+\eta^2)\right\}}{i\lambda z}\iint_{-\infty}^{\infty} u_o(x,y)$$
$$\exp\left\{i\frac{k}{2z}(x^2+y^2)\right\}\exp\left\{-i\frac{k}{z}(\xi x+\eta y)\right\}dxdy \quad (10.42)$$

と記述できる。フレネル変換ホログラムのサンプリング帯域については，フーリエ変換ホログラムの場合ほど明確な導出はできない。しかし，ここではその帯域と必要とされるサンプリング数について，おおまかに見積もりをやってみよう。

式(10.37)のフーリエ変換ホログラムにおいて，積分内の指数関数の位相項を $\phi=k\xi x/z$ とすると，この周波数は $f_x=(1/2\pi)/(d\phi/d\xi)=x/\lambda z$ と表される。これに対応する帯域幅は $L_x/\lambda z$ である。これを拡張して，式(10.42)の積分の外にある指数項の周波数相当成分は $f_\xi=\xi/\lambda z$ となるが，ξ の最大幅は L_ξ のため，最大帯域幅は $L_\xi/\lambda z$ である。一方，式(10.42)の積分内においては，式の最後の指数項はフーリエ変換の場合と同じであるが，フレネル変換ホログラムの場合には，物体は u_o ではなく，この項に2次関数からなる指数項が付加されている。しかし，物体関数の領域は，この指数項があってもおおむね同じであると仮定することができる。したがって，フレネル変換によって見込める最大帯域は，f_x の帯域と f_ξ の帯域の和として，おおまかに

$$2B_\xi = \frac{L_x+L_\xi}{\lambda z} \quad (10.43\text{ a})$$

$$2B_\eta = \frac{L_y+L_\eta}{\lambda z} \quad (10.43\text{ b})$$

と見積もることができる。このことから，ホログラム面でのサンプリング間隔は

$$\Delta\xi = \frac{1}{2B_\xi} = \frac{\lambda z}{L_x+L_\xi} \quad (10.44\text{ a})$$

$$\Delta\eta = \frac{1}{2B_\eta} = \frac{\lambda z}{L_y+L_\eta} \quad (10.44\text{ b})$$

である。したがって，サンプリング数は

$$N_\xi = \frac{L_\xi}{\Delta \xi} = \frac{L_\xi(L_x+L_y)}{\lambda z} \tag{10.45 a}$$

$$N_\eta = \frac{L_\eta}{\Delta \eta} = \frac{L_\eta(L_y+L_y)}{\lambda z} \tag{10.45 b}$$

と求められる。フレネル変換ホログラムにおいても，物体面でのサンプリング数とホログラム面でのサンプリング数は同じとする。しかし，フレネル変換ホログラムの場合には，フーリエ変換ホログラムのように，最適サンプリング数が物体面とホログラム面とで同一とならない。このため，フレネル変換ホログラムにおいては，フーリエ変換ホログラムよりも多くのサンプリング数が必要となる。

フレネル計算機ホログラムにおいても，元となる積分式（10.42）を離散式に展開して，FFTによる計算を適用できる。計算機ホログラムでは，質のよい再生像を得るためには膨大な画素数が必要になり，計算に多大な時間がかかる。また，計算機ホログラムの出力として，どのような出力媒体を使うかについても，応用する対象により吟味する必要がある。

◆ 10.7 いろいろな計算機ホログラム ◆

式（10.37）などに従う計算機ホログラムを2次元平面に書き込むためには，一般に複素表示が必要になる。複素表示の書込みを一つの方法で実現することは難しいため，さまざまな方法が提案されている。レーザ光を使うホログラムが最初に提案されてまもなく，計算機を用いたホログラムの方法が提案された。初期の頃には，今日のような画像を容易に扱う技術も確立されておらず，計算機そのものがまだ普通に使われるような状況ではなかった。そのような中で，最初に提案された方法は，ホログラム面を多数の微小エリアに分割し，そのエリアの座標に対応するホログラムの透過振幅と位相を計算するものであった。その結果，透過振幅の大小に応じた開口をエリア内にもうけ，エリア内で

10.7 いろいろな計算機ホログラム

開口を置く位置を位相に対応させる．したがって，この方法では，各エリアの中にさらに細かい画素構造を必要とする．ホログラムの各要素を全エリアについて計算し，この結果をプロッタなどにより描画し，これを写真で縮小し計算機ホログラムとする方法である．これは，ローマン（Lohmann）型のホログラムと呼ばれる．この方法では，比較的きれいなホログラムが光再生されるが，膨大な分割点が必要となるため実用的とはいえない．このため，最近では，9章で述べた空間光変調素子などでも容易に取り扱える計算機ホログラムの方法が使われている．以下に，それらについて述べる．

ホログラムの原理に鑑み，最も簡単な方法は，例えば式（10.37）とその共役式を足し算し，ホログラムを表す式（8.1）の右辺の最後の二つの項に対応する実関数の干渉じまとして表現する方法である．この実数となる濃淡値をフィルムなどに転写し，振幅透過型のホログラムとすればよい．ただし，この場合には，必ず共役像が発生する．さらにこの方法をより簡単化したものが，輪郭ホログラム（phase contour interferogram）と呼ばれるものである．式（8.1）の干渉項は，参照項を平面波として，その傾きの正弦を a，物体位相変化を $\phi(x,y)$ とすると，位相変化を表す部分は $\cos\{2\pi ax-\phi(x,y)\}$ と表せる．したがって，$2\pi ax-\phi=2m\pi$（m：整数）となる位相変化の最大値をホログラムの情報として記録することにより，ホログラムが作製できる．実際，3.6節で示したフレネルレンズは，位相分布 ϕ が

$$\phi(x,y)=\frac{k}{2f_0}(x^2+y^2) \tag{10.46}$$

となる輪郭ホログラムと考えることができる．

すでに8.6節で論じたように，振幅型よりも位相型のホログラムのほうが回折効率を大きくすることができる．また，式（10.37）などのホログラムでは，振幅変化よりも位相変化のほうがホログラムの再生に大きな寄与をしている．したがって，計算機ホログラムを位相型として実現する方法がいくつか提案されている．その一つがキノフォーム（kinoform）と呼ばれるものである．

キノフォームでは，ホログラムの複素振幅の絶対値は1として，位相変化分

ϕ を $[0, 2\pi]$ の間の値とし，計算機ホログラムとするものである．この場合，$[0, 2\pi]$ の値を濃淡画像としてフィルムなどに書き込み，この濃淡画像をブリーチなどによって位相ホログラムとする方法を使う．あるいは，9章で述べた位相型空間光変調素子などに直接書き込んでもよい．ただし，この場合には各画素の値が $[0, 2\pi]$ の範囲で線形に書き込まれる必要があるため，変調度が 2π に達しない，あるいは非線形な書込みになるなどの原因によって，再生されたホログラムが所望の再生像とはならないなどの問題点がある．このため，位相型の変形として，例えば計算されたホログラムの実部の正負の符号を，位相の 0, π（実数でいうと 1 と -1）に割り当てる二値化ホログラムの方法が提案されている．この場合には，位相について二つの値しか用いていないため，正しく線形に $[0, 2\pi]$ の間で表示できる素子でなくても，表示素子として使うことができる．しかし，フレネルレンズなどのときと同様に，二値化によって本来のアナログ情報が欠落するため，再生像には本来の得たい像からの誤差が生じてしまう．このような誤差は補正することもでき，二値化ホログラムにおいても，他の計算機ホログラムと比較しても遜色のない画像を得ることができる．このような最適化を行った例として，次節で，二値計算機ホログラムの最適化とその再生について示す．

◆ 10.8 画像回復，画像最適化 ◆

ホログラムをはじめとして，なんらかの画像生成を計算機上で行うとき，計算の容易さを考慮しなければならないか，あるいはデバイスの性能限界のために理想的な表示ができないなどの理由により，得られた画像が十分な品質を持たない場合がある．このような画像に対して，本来の得たい画像との間の誤差を元の画像生成のプロセスにフィードバックし，その生成過程で得たい画像に近づける方法がある．これは，画像回復，あるいは最適化と呼ばれる方法である．この方法は，前節で述べた二値ホログラムの最適化に限らず，さまざまな劣化画像の再生などに応用できる．また，画像に限らず信号回復など応用範囲

10.8 画像回復，画像最適化

は広い．このような画像の最適化は，一般に計算機上で処理されるが，最適化の方法は一つではなく，さまざまな方法が提案されている．その一つがシミュレーテッド・アニーリング法（simulated annealing：SA 法，焼なまし法とも呼ばれる）と呼ばれる方法である．SA 法は，結晶成長などにおいて規則的な原子，分子配列となるようにアニーリングと呼ばれる冷却過程をソフトウェア上でまね，ある条件のもとで画像の生成において小さな雑音項を少しずつ加え（摂動という），本来の画像が得られるように変えていくものである．最適化の過程で，局所解があり一時的に再生画像が悪くなることがあってもそれを認め，摂動を加え続けることにより大域解に導く方法である．この方法では，最適化の過程で局所解に捕らわれてしまい，それ以降最適な解を得ることができない場合があるが，最適化のパラメータ（温度関数と呼ばれる焼なましの条件）をうまく選ぶことによって，最適解が得られることが数学的にも保証されている．SA 法は，信号処理における最適化の方法として非常に有用である．これ以外に，遺伝的アルゴリズム，反復法などさまざまな最適化方法が提案されており，これらは画像の最適化に適用できる．

ここでは，7.8 節で述べた結合相関の場合と同様に，物体（画像）は平面であるとして，物体光と参照光が同一面内に表示され，結合フーリエ変換によってホログラムが作られ，これを二値化ホログラムとする場合を考えよう．図 10.4 に示すように，物体としては 2 次元画像を考え，画像 $f(x,y)$ と参照光 $g(x,y)$ をそれぞれ y 軸方向に光軸からある距離 d だけ離して置く．この光

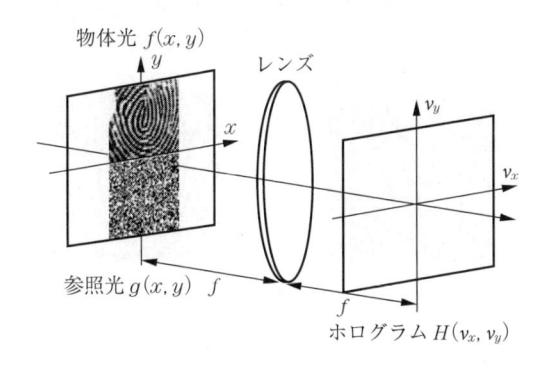

図 10.4 計算機ホログラム作製の例

学系は7.8節で述べた結合相関とほぼ同じものである。この例では，図に示すような指紋画像（物体光）とランダムパターンを参照光とするホログラムを作り，画像の暗号化を行うためのものである。このとき，得られるホログラムは

$$H(\nu_x,\nu_y) = F(\nu_x,\nu_y)G^*(\nu_x,\nu_y)\exp(-i4\pi d\nu_y)$$
$$+ F^*(\nu_x,\nu_y)G(\nu_x,\nu_y)\exp(i4\pi d\nu_y) \quad (10.47)$$

となる。これを図7.6の4f光学系を用いて，ホログラムをフーリエ変換面におき，ホログラム作製で使ったときと同じ参照光で再生すると，再生像が得られる。しかし，ここではホログラムを$[0,\pi]$の二値化位相とすることを考えよう。二値化ホログラムは，式（10.47）を数値計算により実行し，計算されたホログラムの実部の値の正負の符号に応じて，0またはπの位相ホログラムとする。

ここに，ホログラムの計算と再生の例を示そう。**図10.5（a）**は参照光となるランダムパターンであり，図（b）は物体光となる元画像である。ランダムパターン照明光は，作られる情報をホログラム面全面に拡散させ，高い周波数成分を有効に使う役割も果たしている。図（c）は計算機ホログラムの出力を二値化したものである。この二値化ホログラムを再生すると，図（d）の

（a）参照ランダムパターン　（c）二値化ホログラム　（e）最適化ホログラム

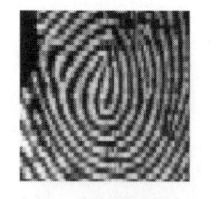

（b）元画像　（d）劣化再生像　（f）最適化再生像

図10.5　二値化計算機ホログラムと再生

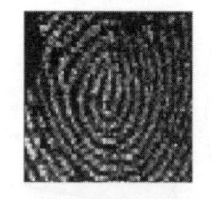

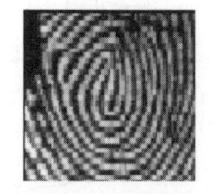

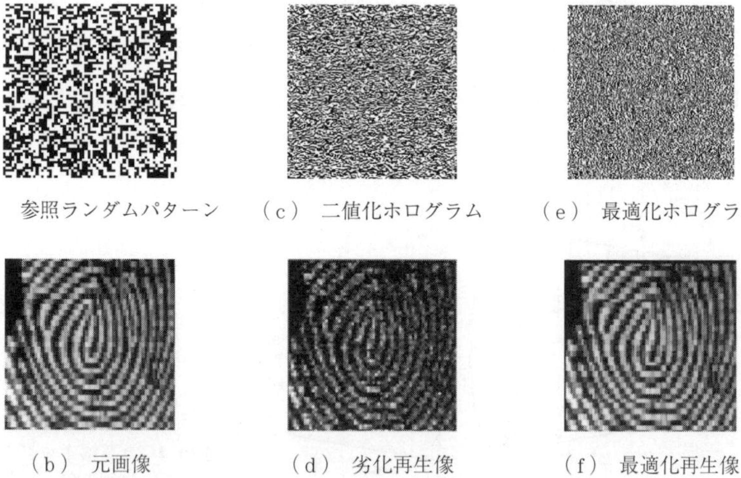

10.8 画像回復，画像最適化

再生像が得られる。ここでは，計算機による再生を用いているが，もちろんこの再生は光空間変調素子などを用いて光学的に再生することができる。再生パターンは，元画像に比べ劣化している。このため，このような二値化ホログラムは，元の画像が得られるように最適化を行う必要がある。

シミュレーテッド・アニーリング法（SA 法）を用いたホログラムの最適化としては，図 10.6 に示すようなアルゴリズムが用いられる。ただし，元来 SA 法はアナログ的な階調を持つ画像に微小なノイズ成分を加えて摂動を行う方法であるため，ここで示すアルゴリズムは厳密な意味での SA 法ではないことに注意しよう。

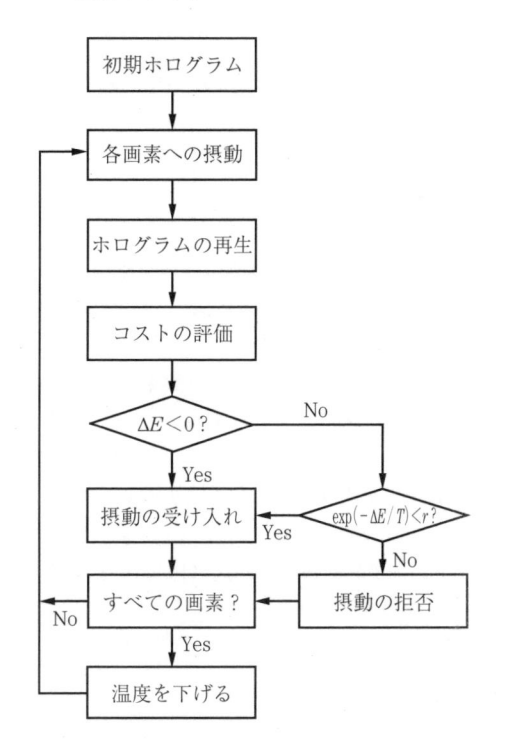

図 10.6 二値化計算機ホログラムの最適化アルゴリズム

最初に，計算によって求められたホログラムの各画素について 0，π の値を反転し，そのたびごとに再生されるホログラムを計算により求める。それと本来得たい画像とを比較し，画像がよくなっていればその変更を受け付け，そう

でなければ元の値に戻し，次の画素について同じことを行う。画像がよくなったかどうかは，コスト関数 ΔE と呼ばれる元画像と計算画像の誤差を評価する。ただし，画像がよくなっていない場合でも，ある確率 $\exp(-\Delta E/T) < r$（r は $[0,1]$ のランダム関数，T は最適化のパラメータで温度関数と呼ばれる）の条件で，画像の変更を受け入れることにする。これは，最適化の過程で画像回復が悪くなる場合でも，アニーリングの過程における揺らぎがあることを模倣していることに対応する。コスト関数がある決められた値以下になったところで，最適化が終了したと判定する。図10.5（e）はそのようにして計算された最適化ホログラムであり，図10.5（f）はそのホログラムの再生像である。これを見ると，ほぼ元の画像が再生されていることがわかる。このように，画像あるいは信号の最適化は，ディジタル信号処理においてきわめて重要な有効な方法となっている。

▶ 演 習 問 題 ◀

10.1 式（10.1）のDFTにおいて，式（10.3）の関係が成り立つことを確かめよ。

10.2 FFTの図10.1を参照して，フーリエ成分 F_6 を計算し，これが定義式（10.1）によって与えられる成分と一致することを確かめよ。

10.3 1次元のラプラシアンフィルタを式（10.10）のようなデルタ関数の和として表し，フーリエ変換によりこれが1次元のラプラシアン演算となっていることを確かめよ。

10.4 座標変換によりメラン変換の式（10.18）が成り立つことを確かめよ。

10.5 式（10.33）を導け。

10.6 アフィン変換における座標変換の図10.2を参照して，式（10.36）となることを確かめよ。

索引

【あ】

アクセプタ　178
アッベ　120
　——の結像理論　123
アフィン変換　196
アポディゼイション　112
アンダーサンプリング　29

【い】

異常光線　168
位相遅れ　32
位相型空間光変調素子　174
位相型の体積ホログラム　154, 179
位相共役光　178
位相情報　142
位相板　121
位相ひずみ　109
位相フィルタ　130
位相変化　169
位相変調　165
位相変調型ネマチック空間
　光変調素子　172
位相ホログラム　150
1次回折光　137, 145
一軸性の結晶　178
1次元格子　128
1次微分フィルタ　131
遺伝的アルゴリズム　205
移動不変　18, 66, 92, 193
イメージホログラム　149
インコヒーレント　65
インコヒーレント系　105
インコヒーレント状態　65
インコヒーレント照明　98, 108

インコヒーレント伝送系　112
インコヒーレント伝達関数　99
インタフェログラム　70
インパルス　16
インパルス応答　24, 173
インラインホログラム　146

【う】

ヴァン・チッター—
　ゼルニケの定理　75
ウィーナー・ヒンチンの
　定理　22
ウィーナーフィルタ　132
ウィンドウ処理　192
薄いレンズ　81

【え】

エアリーディスク　44, 110
エアリーパターン　44
液晶　167
液晶光空間変調素子　166
エルゴード仮定　62
円形開口　42, 103, 110, 115
演算子　17
円偏光　172

【お】

オーバサンプリング　29
オフアクシスホログラム　146
温度関数　205

【か】

開口　34, 35
開口数　34
解析的信号　62

回折光学素子　175
回折格子　46, 175
回折効率　150, 151, 154, 176
回折広がり　42, 94, 127
回折分光器　72
解像度　111, 147
解像力　110, 111
回転対象な関数　19
回転調和展開　196
回転補正　196
ガウス型　21
ガウスビーム　44
書込み感度　165, 182
確率分布関数　77
カー効果　182
可視化　143
加重平均　198
画像解像度　163
画像回転角　196
画像回復　204
画像の回転　194
画像の自己相関　137
画像の縮尺　192
画像の商　119
画像の積　118
画像の積分　131
画像の相互相関　137
画像の和と差　118
カットオフ周波数　103, 115, 127
ガボール型のホログラム　146
感光性樹脂　184
干渉　56
干渉じま　141
　——の可視度　59
干渉じま間隔　59, 147
干渉性　56
ガンマ値　164

索引

【き】

規格化コヒーレンス関数　65
規格化コヒーレンス度　65
疑似焦点　50
輝線スペクトル　78
キノフォーム　165, 203
基本周波数　12
逆フィルタ　26, 132, 190
逆フーリエ変換　16
キャリア空間周波数　128
球面波　32
共役光の発生　178
共役像　119
共役波　142
強度型空間光変調素子　175
強度干渉　76
強度相関　77
強度のスペクトル　105
強度揺らぎ　78
局所解　205
曲率半径　81
虚　像　142
銀塩乳剤　162
近軸近似　35, 80
近傍処理　190

【く】

空間コヒーレンス　60, 108, 121
空間周波数　41, 85, 115, 122
空間周波数成分　41
空間周波数パワー　106
偶関数　20
空間光変調素子　166
矩形開口　41, 103
矩形パルス　13
屈折率　33
屈折率体積格子　179
屈折率変調度　155
屈折率レンズ　47, 80
クーリー・ターキーアルゴリズム　188
グリーン関数　36, 73
クロネッカーのデルタ　9

【け】

計算機ホログラム　143, 178, 198
傾斜因子　38
結合確率分布関数　77
結合相関　136, 205
結合微分方程式　155, 181
結合フーリエ変換　205
結像特性　96
結像理論　120
ケラー照明　121, 123
減衰時間　69
現　像　162
顕微鏡　93, 121
顕微鏡結像　123

【こ】

高域フィルタ　127
光学濃度　163
高コントラスト写真　164
高周波成分　12
恒　星　61
　——の視直径　61
高速フーリエ変換　186, 200
光波の混合　178
光路差　122
コーシーの主値　63
50% MTF　115
コスト関数　208
コヒーレンス　56
　——の低下　60
コヒーレンス関数　64
　——の伝搬式　75
コヒーレンス長　61, 69
コヒーレンス度　78
コヒーレント　57
コヒーレント系　105
コヒーレント状態　65
コヒーレント照明　98, 108
コヒーレント伝達関数　98
コム関数　27
コレステリック液晶　168
コントラスト　59, 113
コントラスト比　163
コンピュータ処理　187

【さ】

最近傍法　197
再生画像　205
再生光　142
最大回折効率　152
最大帯域　201
最大帯域幅　26
最適化　133, 204
最適化ホログラム　208
雑　音　29, 132
雑音除去　192
サーモプラスチック　184
3次元画像再生　145
3次元情報　139
3次の非線形感受率　182
参照光　141, 180
サンプリング　199
　——の定理　26, 187, 200
サンプリング間隔　200
サンプリング数　200

【し】

時間コヒーレンス　61, 69
時間平均　62
時間平均法　157
自己相関関数　20
システムの伝達関数　26
四則演算　117
実時間法　157
実　像　142
絞　り　108
シミュレーテッド・アニーリング法　205
写真フィルム　162
シャノンのサンプリングの定理　29
周期関数　12
周期格子　181
周期的物体　123
集合平均　62
収　差　109
収束する球面波　83
周波数解析　190
周波数成分　124
主焦点　50

索引

出射瞳	93	
出力信号	23	
瞬時光強度	97	
準単色光	57	
常光線	168	
焦点距離	50	
焦点深度	94	
ジョーンズマトリクス	169	
信号回復	26, 204	
信号光	180	
信号対雑音比	150	
振幅型の体積ホログラム	156	
振幅スペクトル	105	
振幅フィルタ	130	
振幅ホログラム	150	

【す】

推定関数	133
推定フィルタ	134
スカラ波動方程式	34
ステップ関数	7
スペクトル	13
スペクトル解析	17
スペクトル関数	71
スペクトル幅	61, 69
スペクトル広がりを持つ光源	60
スペクトル分光	72
スペクトル密度	15
スメクチック液晶	168
スワップ	189

【せ】

正規直交関数	9
積分方程式	25
ゼルニケの位相差顕微鏡	120
0次回折光	142, 145
全エネルギー	20
線形結合	12
線形システム	23, 89, 126
線形操作	18, 126
線形補間法	197

【そ】

相関関数	20

相互スペクトルコヒーレンス関数	73
相互相関関数	20
像情報	107
像倍率	91
相反関係	165
像面	89

【た】

大域解	205
帯域制限	89, 109
帯域フィルタ	128
体積ホログラム	152
対物レンズ	93
楕円偏光	171
多重記録	156
畳込み積分	24, 191
タルボ・イメージ	54
タルボ効果	52
タルボ・サブイメージ	54
単色光	34, 57

【ち】

逐次処理	165
超解像	112
調和振動子	12
調和的	66
直交展開	9

【て】

低域フィルタ	126
ディジタル画像処理	131
ディジタル処理	1, 186
定着	163
停留位相	193
デコンボリューション	190
デルタ関数	7
電気アドレス型の光変調素子	174
点光源	57
点光源アレイ	52
電子書込み	166
電子ビーム描画	176
伝送帯域	89
点像広がり関数	92
天体強度干渉	77

天体マイケルソン干渉計	62
点物体の像	90

【と】

等価回路	173
等価的点光源	57
等方的媒質	34
ドナー	178

【な】

流し撮り	135

【に】

2次元のフーリエ変換	85
2次点光源	32
2次の位相項	85
2次の相関	77
2次微分フィルタ	131
二重露光法	157
2乗誤差	133
二値化	48
二値化位相	206
二値化ホログラム	204, 205
2点の像	108
2点物体	108, 109
入射瞳	93
入力信号	23

【ね】

ネガフィルム	164
熱光源	57, 98
ネマチック液晶	168
ネマチック液晶空間光変調素子	169

【は】

バイナリ光学	175
倍率	110
倍率不変の変換	193
白色干渉計	72
白色光照明	150
パーシバルの定理	23
バタフライ演算	188
波動説による光波伝搬の原理	31
波面	31

索引

波面制御　150
パワースペクトル　17, 128, 137
ハンケル変換　19
反射型位相格子　177
半導体　178
バンド構造　178
反復法　205

【ひ】

光書込み　166
光強度スペクトル　100, 102
光コンピュータ　3
光重合性　183
光速度　33
光透過率　164
光の位相　81
光の位相差　56
光の回折　34, 35
光のコヒーレンス理論　63
光の初期位相　67, 97
光のスイッチ　170
光の伝搬　31
光の場の相関　61
光の波面変換　80
非線形光学効果　178
非等方的媒質　33
瞳関数　109
微分　19
微分フィルタ　128, 129, 190
ビームウエスト　45
ヒルベルト変換　63
広がった光源　59

【ふ】

ファーフィールド条件　40
フィルタ　28
フィルタ関数　125
フィルタリング　124, 190
　——の光学系　124
フェルミ粒子　4
フォトニクス　1
フォトニクス情報処理　1, 120
フォトニクス処理　1
フォトニック結晶　175
フォトニック・フィルタリング　124
フォトポリマー材料　183
フォトマスク　176
フォトリソグラフィ　175
フォトリフラクティブ効果　178
フォトレジスト　176, 184
不確定性関係　69
複屈折素子　168
不純物準位　178
物体振幅　145
物体面　89
部分的コヒーレント　70
部分的コヒーレント照明　121, 123
ブラウン運動　21
フラウンホーファー条件　40
±1次光　46
ブラッグ回折角　154
ブラッグ回折条件　153, 181
フーリエ級数展開　12
フーリエスペクトル関数　68
フーリエ分光　71
フーリエ変換　10, 12, 15, 186
　——の回転子　188
フーリエ変換パターン　125
フーリエ変換ホログラム　148, 199
フーリエ変換面　124
ブリーチ　165
ブレーズド格子　175
フレネル・キルヒホッフ積分　38
フレネル条件　39
フレネル積分　39
フレネルゾーンプレート　50
フレネル伝搬　84
フレネル変換　141
フレネル変換ホログラム　144, 200
フレネル輪帯　51
フレネルレンズ　47
分解能　89, 94, 99, 110, 165, 182
分散メモリ　150

分子配向　168

【へ】

平滑化　192
平均光強度　96
並列処理　165
ベクトル場　40
ベッセル関数　19
ヘルムホルツ方程式　34, 73, 154
偏光　169
　——の回転角　170
変調伝達関数　112

【ほ】

ホイヘンスの原理　31
ホイヘンス・フレネルの回折積分　75
補間　197
星の視直径　77
ポジフィルム　164
ボーズ粒子　4
ポッケルス効果　166, 179
ホモジニアス液晶　171
ポリマー　183
ホログラフィ　139
ホログラフィ干渉　157
ホログラフィックフィルタ　159
ホログラフィックメモリ　182
ホログラム　118, 119, 135, 140
　——の記録　141
　——の再生　142

【ま】

マイクロ加工　175
マイケルソン干渉計　69, 71
−1次回折光　145
マクスウェルの式　33
マスク処理　190
マッチトフィルタ　135, 159

【め】

メラン変換　192

索　　引

【も】

文字検索　160
モノマー　183

【や】

ヤングの干渉実験　57

【ゆ】

誘電体　32
誘電体結晶　178
揺らぎ　66

【よ】

4次の相関　77
読出し光　181
4波混合　180

【ら】

ラビング　169
ラプラシアンフィルタ　130, 191

ランダムアクセス　174
ランダム関数　21

【り】

離散フーリエ変換　187
理想的な結像　92
理想的なレンズ　101
量子演算　79
量子干渉　79
量子効果　56
量子通信　79
輪郭ホログラム　203

【れ】

零　点　26, 132
レイリーの解像限界　111
レーザ光源　61
レンズ　10, 80
　——による波面変換　47
　——によるフーリエ変換　83

——のFナンバー　94
——の液浸　94
——の結像条件　91
——の結像特性　89
——の焦点距離　83
レンズ開口関数　90
レンズ開口数　93
レンズ効果　51
レンズ収差　82, 101
レンズ焦点面　124
連続スペクトル　16

【ろ】

露光量　163
ローマン型のホログラム　203
ローレンツ分布関数のスペクトル　69

【D】

DFT　187
DMD　173

【F】

FFT　186
　——の基数　189

【H】

H-D曲線　163

【L】

line pair　41

【M】

MEMS　166, 173
MTF性能　115

【O】

OTF　102, 114

【P】

PVK　184

【R】

rectangular関数　11

【S】

SA法　205
sinc関数　11
SVEA近似　155

【T】

TEM_{00}モード　44
TN液晶　169

――― 著者略歴 ―――

1973年　九州工業大学工学部電子工学科卒業
1978年　北海道大学大学院工学研究科博士課程修了
　　　　（電子工学専攻）
　　　　工学博士
1985年　静岡大学助教授
1993年　静岡大学教授
　　　　現在に至る

フォトニクス情報処理入門
Introduction of Information Photonics　　© Junji Ohtsubo　2009

2009年10月28日　初版第1刷発行　　　　　　　　　　★

	著　者	大　坪　順　次
検印省略	発行者	株式会社　コロナ社
	代表者	牛来真也
	印刷所	新日本印刷株式会社

112-0011　東京都文京区千石 4-46-10
発行所　株式会社　コロナ社
CORONA PUBLISHING CO., LTD.
Tokyo Japan
振替 00140-8-14844・電話(03)3941-3131(代)
ホームページ http://www.coronasha.co.jp

ISBN 978-4-339-00807-4　（新宅）　（製本：愛千製本所）
Printed in Japan

無断複写・転載を禁ずる
落丁・乱丁本はお取替えいたします

電気・電子系教科書シリーズ

（各巻A5判）

- ■編集委員長　高橋　寛
- ■幹事　湯田幸八
- ■編集委員　江間　敏・竹下鉄夫・多田泰芳
　　　　　　中澤達夫・西山明彦

配本順		書名	著者	頁	定価
1.	(16回)	電気基礎	柴田尚志・皆藤新芳・田多尚志 共著	252	3150円
2.	(14回)	電磁気学	柴田泰芳・田多尚志 共著	304	3780円
3.	(21回)	電気回路I	柴田尚志 著	248	3150円
4.	(3回)	電気回路II	遠藤勲・鈴木靖郎 共著	208	2730円
6.	(8回)	制御工学	下西二鎮・奥平正 共著	216	2730円
7.	(18回)	ディジタル制御	青木俊立・西堀幸 共著	202	2625円
8.	(25回)	ロボット工学	白水俊次 著	240	3150円
9.	(1回)	電子工学基礎	中澤達夫・藤原勝幸 共著	174	2310円
10.	(6回)	半導体工学	渡辺英夫 著	160	2100円
11.	(15回)	電気・電子材料	中澤・押田・森山・藤田・服部 共著	208	2625円
12.	(13回)	電子回路	須田健英・土田充二 共著	238	2940円
13.	(2回)	ディジタル回路	伊原博夫・若海弘夫・吉沢昌純・室賀巖也 共著	240	2940円
14.	(11回)	情報リテラシー入門	山下 共著	176	2310円
15.	(19回)	C++プログラミング入門	湯田幸八 著	256	2940円
16.	(22回)	マイクロコンピュータ制御プログラミング入門	柚賀正光・千代谷慶 共著	244	3150円
17.	(17回)	計算機システム	春日泉・舘田雄幸・健八・治充 共著	240	2940円
18.	(10回)	アルゴリズムとデータ構造	湯伊原博・八弘勉 共著	252	3150円
19.	(7回)	電気機器工学	前田谷間・新橘邦・江敏勲 共著	222	2835円
20.	(9回)	パワーエレクトロニクス	高間・江敏章 共著	202	2625円
21.	(12回)	電力工学	江甲三・斐木川・隆成英 共著	260	3045円
22.	(5回)	情報理論	吉宮松・田部田・豊克稔 共著	216	2730円
24.	(24回)	電波工学	南岡桑・原月植松・裕唯孝夫史志 共著	238	2940円
25.	(23回)	情報通信システム(改訂版)		206	2625円
26.	(20回)	高電圧工学		216	2940円

以 下 続 刊

5. 電気・電子計測工学　西山・吉沢共著　　23. 通信工学　竹下・吉川共著

定価は本体価格+税5％です。
定価は変更されることがありますのでご了承下さい。

図書目録進呈◆

光エレクトロニクス教科書シリーズ

(各巻A5判)

コロナ社創立70周年記念出版 〔創立1927年〕

■企画世話人　西原　浩・神谷武志

配本順			頁	定価
1.（7回）	光エレクトロニクス入門（改訂版）	西原　浩 裏　升吾 共著	224	3045円
2.（2回）	光　波　工　学	栖原　敏明 著	254	3360円
3.	光デバイス工学	小山　二三夫 著		
4.（3回）	光通信工学（1）	羽鳥　光俊 監修 青山　友紀 小林　郁太郎 編著	176	2310円
5.（4回）	光通信工学（2）	羽鳥　光俊 監修 青山　友紀 小林　郁太郎 編著	180	2520円
6.（6回）	光情報工学	黒川　隆志 滝沢　國治 編著 徳丸　春樹 渡辺　敏英 共著	226	3045円
7.（5回）	レーザ応用工学	小原　實 荒井　恒憲 共著 緑川　克美	272	3780円

フォトニクスシリーズ

(各巻A5判，欠番は品切れです)

■編集委員　伊藤良一・神谷武志・柊元　宏

配本順			頁	定価
1.（7回）	先端材料光物性	青柳　克信 他著	330	4935円
3.（6回）	太　陽　電　池	濱川　圭弘 編著	324	4935円
13.（5回）	光導波路の基礎	岡本　勝就 著	376	5985円

以下続刊

2.	光ソリトン通信	中沢　正隆著	5.	短波長レーザ	中野　一志他著
7.	ナノフォトニックデバイスの基礎とその展開	荒川　泰彦編著	8.	近接場光学とその応用	河田　聡他著
10.	エレクトロルミネセンス素子		11.	レーザと光物性	
14.	量子効果光デバイス	岡本　紘監修			

定価は本体価格＋税5％です。
定価は変更されることがありますのでご了承下さい。

図書目録進呈◆